L'AGRICULTURE AU CŒUR DE LA SANTÉ UNIQUE

Éditions Télémaque 92, avenue de France, 75013 Paris
www.editionstelemaque.com
ISBN : 978-2-7533-0424-6

PLANET A

Présente

L'AGRICULTURE AU CŒUR DE LA SANTÉ UNIQUE

UN LIEN RÉGÉNÉRÉ ENTRE LA NATURE ET LE VIVANT

sous la direction de Jean-Pierre Rennaud

éditions
TÉLÉMAQUE

SOMMAIRE

AVANT-PROPOS

Du GIEC[1] à l'IPBES[2] en passant par l'IUCN[3], les experts de la communauté scientifique mondiale sont unanimes : les activités humaines ont gravement modifié et mis en péril le « système Terre ». Par des interventions extractives, les hommes se sont approprié tous les matériaux de l'environnement sans préoccupation de limite et de durabilité des territoires. Le réchauffement climatique et la perte de biodiversité en sont aujourd'hui les marqueurs les plus visibles. La crise sanitaire de la Covid-19 a mis en évidence les liens entre incursion dans les milieux naturels et santé. Praticiens, scientifiques et acteurs de terrain le savent : la santé du vivant est le résultat d'interconnexions entre les humains, les animaux, les sols, les plantes, la biodiversité, l'eau et l'air. Cette interdépendance est définie sous le nom de « One Health », ou « Santé Unique », démarche transversale, systémique et interdisciplinaire. L'agriculture, lien indéfectible entre les mondes humain, animal, végétal et environnemental, tient un rôle vital dans cette approche holistique.

Nous, planet A®, sommes convaincus qu'une modification des pratiques agricoles à grande échelle est un facteur clé de succès dans la mise en œuvre d'une politique « One Health ». La dynamique de la mutation agroécologique est en route. Elle est une solution majeure face aux enjeux climatiques, face aux défis d'une alimentation équilibrée, suffisante et sécurisée.

Pour que l'agriculture soit un levier fort et essentiel de la concrétisation de cette approche « One Health », il est indispensable que l'ensemble de la société y soit associé. S'ils ne sont pas accompagnés par une volonté des politiques, des acteurs de l'économie et des consommateurs, les agriculteurs ne pourront pas

1. GIEC : Groupe d'experts intergouvernemental sur l'évolution du climat.
2. IPBES : Intergovernmental Science-Policy Platform on Biodiversity and Ecosystem Services.
3. IUCN : Union internationale pour la conservation de la nature.

relever ce défi d'urgence. Quel sera l'impact des modifications des pratiques si le consommateur ne dirige pas son choix sur les produits et services issus de ces transformations des systèmes agricoles ? Quel sera l'impact des modifications de pratiques si les acteurs institutionnels du territoire et la finance privée n'accompagnent pas l'investissement et les risques associés ? Quel sera l'impact des modifications de pratiques si les entreprises et services privés ne s'engagent pas dans la sécurisation de leur approvisionnement et le maintien de l'emploi ? On ne peut pas espérer que tout change sans que l'ensemble des acteurs de la chaîne du vivant ne s'implique directement pour cette dynamique agricole.

C'est pourquoi planet A® conduit des actions pour et avec les agriculteurs et l'ensemble des acteurs de la société civile et politique (finance, entreprises, chercheurs, politiques, collectivités locales).

Cet ouvrage identifie des solutions gagnantes décrites par des praticiens et propose de prendre un peu de hauteur sur ce que sont les solutions de demain. L'agriculture, qui nourrit les hommes, est l'une des meilleures voies pour réparer la Terre et garantir la santé de tous ses systèmes.

Jean-Pierre Rennaud,
Président du Conseil scientifique de planet A®

INTRODUCTION

Une approche systémique des liens entre les écosystèmes naturels et humains

Cécile Renouard, Présidente du Campus de la Transition, professeure de philosophie au Centre Sèvres – Faculté jésuites de Paris, enseignante à l'École des Mines de Paris et à l'ESSEC, directrice scientifique du programme CODEV – entreprise et développement à l'ESSEC.
Avec la collaboration d'**Emmanuel Delcourt**, Directeur général d'Hortibreiz.

À l'ère de l'anthropocène, il est vital de chercher à poser les bonnes questions afin d'agir à la hauteur des enjeux auxquels nous faisons face : limiter l'élévation de la température dans les décennies qui viennent, éviter l'aggravation de la perte de biodiversité et favoriser le développement de tous, à commencer par les plus pauvres et les plus fragiles de nos sociétés, aujourd'hui et demain. Les 10 % les plus riches de la planète sont responsables de 52 % des émissions de gaz à effet de serre cumulées entre 1990 et 2015, alors que les 50 % les plus pauvres n'en ont émis que 7 %. Les plus vulnérables au changement climatique et à la dégradation du vivant sont aussi celles et ceux qui ont le plus souvent moins de ressources pour faire face aux catastrophes et les surmonter. Plus que jamais, nos sociétés ont à réfléchir aux critères de justice tant écologique que sociale destinés à orienter les politiques publiques, les stratégies entrepreneuriales et les actes citoyens. Afin de favoriser une approche systémique des liens entre les écosystèmes naturels et humains, je vous propose de traverser « six portes[1] », six axes de questionnement qui résonnent bien avec les analyses riches et complémentaires du présent ouvrage :

- Comment prendre soin de notre monde commun (*oikos*)
- Comment discerner et décider pour bien vivre ensemble (*ethos*)
- Comment définir des métriques, des réglementations et des modes de gouvernance ajustés (*nomos*)
- Quels récits et rationalités mobiliser (*logos*)
- Quelles actions engager par des dynamiques multi-acteurs à différentes échelles (*praxis*)
- Comment nous reconnecter à nous-mêmes, aux autres, à la nature, pour être terrestres, enracinés et ouverts à l'universel ? (*dynamis*)

Comment prendre soin de notre monde commun (*oikos*)

L'approche « One Health », présentée dans ces pages, illustre les liens entre santés environnementale, animale et humaine. La planète Terre est notre

1. Le *Manuel de la Grande Transition* (LLL, 2020), issu d'une demande de la ministre de l'Enseignement supérieur au Campus de la Transition, afin de fournir un socle commun de connaissances et compétences pour la transition écologique et sociale, a réuni plus de 70 enseignants-chercheurs de différentes disciplines et établissements. Il propose un sextuple questionnement, à travers six portes : *oikos*, *ethos*, *nomos*, *logos*, *praxis* et *dynamis*.

monde commun, celui que nous faisons advenir et construisons dans la prise en compte de la diversité des territoires, des histoires, des géographies et des cultures ; nous ne sommes pas des humains environnés, nous sommes immergés dans la nature à laquelle nous appartenons, elle-même façonnée par les vivants qui à la fois l'utilisent, la transforment et la contemplent. C'est ainsi que nature et cultures sont mêlées dans des écoumènes, des milieux vivants. La santé humaine dépend pour une bonne part de la manière dont nous prenons soin de ces milieux vivants, notamment par notre alimentation et nos systèmes agricoles : une étude a ainsi montré que, parmi les déterminants de la santé, les habitudes de vie et les facteurs environnementaux sont décisifs[1]. Il existe donc une corrélation entre prendre soin de son corps, qui est un système biologique, et prendre soin de la nature, qui est un écosystème global. Le « *Care* » utilisé par le monde anglo-saxon a en cela une dimension holistique. Le vivant est biologique. L'homme a besoin de l'entièreté des fonctionnalités de ses organes pour être en bonne santé, la nature nous rappelle avec urgence qu'elle est aussi un système interdépendant menacé au fur à mesure que la biodiversité diminue.

Depuis une dizaine d'années, en médecine comme en agriculture, de nouvelles pratiques moins dépendantes de la chimie semblent prendre de l'ampleur. Elles s'appuient davantage sur l'équilibre du corps ou de l'écosystème et de sa capacité propre à lutter contre les agressions. Les médecines douces se développent et viennent utilement cohabiter pour certains avec notre médecine occidentale. Il ne s'agit pas d'opposer mais de se laisser interpeller par les bienfaits possibles apportés par des pratiques différentes. Ces médecines n'ont pas vocation à soigner tous les maux, tant s'en faut, mais, dans bien des situations, leur bienfait est avéré. La crise de la Covid a été l'occasion de reconnaître par exemple le caractère crucial de l'accompagnement psychologique et du développement des compétences émotionnelles et relationnelles.

L'agriculture s'est aussi mise en mouvement de façon importante. Les réglementations se sont accrues, de nombreux produits ont été interdits, leur nocivité a été diminuée ; en parallèle, l'agroécologie, l'agriculture biologique, la permaculture, le bien-être animal – pour ne citer qu'eux – sont aussi de nouvelles formes ou préoccupations en vue d'une agriculture que nous pourrions qualifier d'« agriculture douce ».

1. Dever, 1976, cité in *Manuel de la Grande Transition*, p. 67.

Comment discerner et décider pour bien vivre ensemble (*ethos*)

La non-détérioration irréversible de nos écosystèmes, alliée au soin des plus vulnérables, suppose de développer nos activités humaines, nos économies, en respectant les limites planétaires environnementales et sociales. Cela exige des boussoles pour nous orienter. L'éthique définie, à la suite de Ricœur, comme « la recherche de la vie bonne, avec et pour autrui, dans des institutions justes », permet d'identifier les sujets à débattre, les principes à incarner, les normes à défendre, les dispositions à cultiver. La boussole éthique invite à refuser les facilités du « prêt-à-penser » et à réfléchir aux transformations nécessaires en vue du monde désirable. Pour les agriculteurs aujourd'hui, comment changer les méthodes sous perfusion d'une PAC décalée vis-à-vis des besoins d'une agriculture écologiquement intensive ? Quel horizon fixer ? Quels critères de justice vis-à-vis des producteurs, des consommateurs, des sols, etc. ? Quelles responsabilités communes et différenciées ?

L'organisation du monde agricole de l'amont à l'aval, tel que nous le connaissons aujourd'hui, s'est construite en France en 1945 dans le cadre du plan Marshall, dans le but de nourrir une population sortie de la guerre. Et ce fut un succès. Un succès qui ne s'est pas démenti au cours des années 1960 quand il a fallu faire face aux enjeux de la décolonisation ou au cours des années 1980 quand il a fallu lutter contre l'inflation. Cette organisation s'appuie, d'une part, sur une maîtrise technique et de distribution des intrants avec le pilotage d'un écosystème de fournisseurs et, d'autre part, sur la collecte, la transformation, la distribution à grande échelle des productions agricoles. Elle est à la fois structurée en filières (lait, céréales, viandes, légumes) et en territoires.

Depuis les années 1990, marquées par la crise de la vache folle, l'agriculture française fait face à de nombreuses difficultés, majeures et interconnectées. Le monde agricole rentre dans une crise systémique qui suppose une transformation radicale de ses modes opératoires et probablement de sa culture. Il ne s'agit pas de minimiser tous les efforts, ni tous les progrès considérables mis en œuvre depuis trente ans. Il s'agit de partager l'idée que la dynamique actuelle ne répond pas suffisamment vite à l'accélération des enjeux de transition.

Comment définir des métriques, des réglementations et des modes de gouvernance ajustés (*nomos*)

Rappelons que la planète compte aujourd'hui 7,7 milliards d'habitants, contre 1,2 milliard en 1850. En 2050, elle pourrait en compter 9,8 milliards. De plus, la structure agrodémographique s'est inversée : en 1860, en France, il y avait 60 % de paysans, contre un peu moins de 3 % aujourd'hui.

La boussole éthique invite à réviser les réglementations, les normes, les instruments de mesure et d'évaluation en tenant compte à la fois de ces évolutions historiques et culturelles et des défis sanitaires et agroalimentaires. Elle invite à ajuster les modes de gouvernance. C'est la qualité de la gouvernance qui fait l'efficacité des organisations. Aujourd'hui, au regard de l'urgence de la situation, il est important de questionner en profondeur la gouvernance des systèmes en place : permet-elle suffisamment l'émergence de nouvelles idées, d'initiatives, d'acteurs ? Traverser les crises nécessite un courage, une audace, une énergie encore peu mobilisés à ce jour. Les modèles actuels qui ont montré toute leur performance dans le passé ne sont pas tous adaptés pour faire face aux nouveaux enjeux, pour faire advenir des cultures diversifiées, des sols vivants et des écosystèmes durables.

Quels récits et rationalités mobiliser (*logos*)

Les changements agricoles nécessaires n'adviendront pas sans un travail sur nos imaginaires, nos représentations collectives de ce que signifient une alimentation durable, saine et goûteuse, et une agriculture résiliente. Nous avons en mémoire les représentations des rituels des campagnes comme les fêtes de la moisson ou de la vendange. De tels rendez-vous festifs réunissaient les travailleurs, les familles pour fêter l'aboutissement d'un labeur. Sans cultiver une nostalgie du passé synonyme aussi d'efforts physiques soulagés par la machine, on peut souligner qu'aujourd'hui une certaine solitude se banalise pour le monde rural au sens large.

La culture du monde paysan s'en est allée avec la modernité – Simone Weil parlait dans les années 1940 du « déracinement paysan ». Aujourd'hui, une nouvelle génération aspire à se réinstaller, nous questionnant sur les façons de réenchanter nos campagnes. La Covid a évidemment accéléré cette tendance de réinstallation à la campagne rendue possible par le télétravail. Comment ces nouveaux arrivants vont-ils faire lien avec des populations historiques ? Comment les nouveaux arrivants peuvent-ils comprendre les contraintes, les pratiques agricoles actuelles et les accueillir ? Comment les agriculteurs en place peuvent-ils se laisser interroger sur leurs pratiques actuelles et leur possibilité d'évolution ? C'est un nouveau collectif qui doit prendre corps autour de ces enjeux.

Quelles actions engager par des dynamiques multi-acteurs à différentes échelles (*praxis*)

L'analyse des échelles de l'action, des modes de travail et des modes de mobilisation citoyenne est nécessaire pour faire advenir les changements visés. À travers la planète, des paysans sont les victimes de l'appauvrissement des sols, des maladies dues aux produits phytosanitaires, des semences standardisées, du manque d'eau, des aléas climatiques... La transition agricole demande des choix structurels afin de soutenir l'agriculture et les agriculteurs, partout, et d'accompagner les changements de pratiques par des garde-fous sociaux. L'agriculteur est un professionnel qui s'inscrit dans un écosystème avec des acteurs en amont, qui sont des distributeurs, des fabricants, qui vont lui fournir les intrants – la semence, les animaux – et ce qu'il faut pour les faire grandir : fertilisation pour la production végétale ou nourriture pour la production animale sous toutes ses formes. Il faut aussi les soins, la protection, qui ont été prodigués sous forme chimique (antibiotiques, produits phytosanitaires) ou naturelle (huiles essentielles, lutte biologique). L'agriculteur s'inscrit également avec des acteurs en aval pour collecter, transporter, transformer, distribuer sa production. Cette chaîne de valeur de la fourche à la fourchette est souvent source de tension sur les questions de répartition de valeur. L'explosion des circuits courts vient bousculer des modèles issus des années 1960.

Comment nous reconnecter à nous-mêmes, aux autres, à la nature, pour être terrestres, enracinés et ouverts à l'universel (*dynamis*)

Nous avons tous un ancêtre agriculteur, car le travail de la terre était autrefois le seul qui permettait de nourrir sa famille en autonomie. Les milliers de personnes qui s'installent en France chaque année en maraîchage veulent incarner des choix transformatifs porteurs de sens. Elles nous rappellent que tout ce que nous mangeons vient de la nature et est le carburant de notre corps. La façon dont nous produisons notre nourriture a un impact sur la qualité de l'air, de l'eau, du sol.

Les transformations du monde agricole sont l'occasion d'expérimenter une plus grande proximité de chacun – du producteur au consommateur – avec les terroirs. Mieux nous relier à nos milieux vivants, c'est aussi donner l'occasion à chacun de puiser à des sources intérieures, de réviser ses priorités, de reconnaître que moins (de surconsommation) peut être plus (pour d'autres) et mieux (pour soi et pour nous, collectivement).

Beaucoup d'initiatives décrites dans cet ouvrage témoignent de la créativité et du courage à l'œuvre à travers la planète pour inventer des formes d'agriculture au service de la grande santé de nos sociétés et de nos territoires. Poursuivons ce combat de mille manières !

La Santé Unique au regard des expériences de l'histoire

Serge Morand, Membre du groupe d'experts de haut niveau Santé Unique (OHHLEP) pour l'OMS, la FAO, l'OIE et le PNUE, directeur de recherche au CNRS – Institut des sciences de l'évolution CNRS – IRD, Montpellier Université, Montpellier, France – ASTRE CIRAD – Faculty of Veterinary Technology, Kasetsart University, Bangkok, Thailand – Faculty of Tropical Medicine, Mahidol University, Bangkok, Thailand.

Catherine Dernis, Consultante éditoriale, affaires publiques et sciences politiques.

L'approche holistique « Santé Unique » (« One Health ») repose sur le principe que, dans la nature, tous les éléments sont interconnectés. Penser la santé aujourd'hui implique d'associer la santé humaine à la santé animale, à la santé végétale et à la santé environnementale - eau, sols, air - ainsi que la santé des territoires. La compréhension de cette interdépendance est fondamentale, aussi bien face aux risques pandémiques que pour assurer la durabilité de la biodiversité et de la santé de la planète. Dans sa définition officielle retenue par les Nations unies, « One Health »"[1] (littéralement, « Une seule santé ») est une approche intégrée et unificatrice qui reconnaît que la santé des humains, celle des animaux domestiques et sauvages, celle des plantes et de l'environnement au sens large (nos écosystèmes) sont étroitement liées et interdépendantes. Ce mouvement vise à obtenir des résultats optimaux et durables en matière de santé pour les personnes, les animaux et les écosystèmes. L'approche mobilise de multiples secteurs, disciplines et communautés à tous les niveaux de la société afin qu'ils travaillent ensemble pour faire face aux menaces qui pèsent sur la santé et les écosystèmes, tout en répondant à nos besoins collectifs en matière d'alimentation, d'eau, d'énergie et d'air pur, et en agissant sur le changement climatique et en promouvant le développement durable.

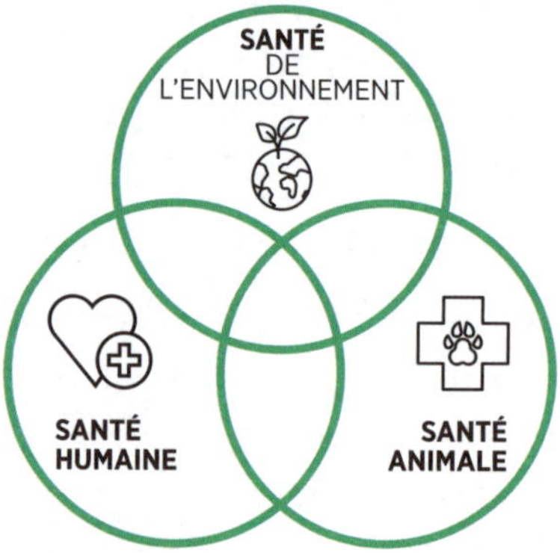

1. La définition officielle retenue par le groupe d'experts de haut niveau Santé Unique (OHHLEP) pour les Nations unies est rédigée en anglais :
"One Health *is an integrated, unifying approach that aims to sustainably balance and optimize the health of people, animals and ecosystems. It recognizes the health of humans, domestic and wild animals, plants, and the wider environment (including ecosystems) are closely linked and inter-dependent. The approach mobilizes multiple sectors, disciplines and communities at varying levels of society to work together to foster well-being and tackle threats to health and ecosystems, while addressing the collective need for clean water, energy and air, safe and nutritious food, taking action on climate change, and contributing to sustainable development.*"

Rage, peste, infection à la salmonelle, fièvre charbonneuse, brucellose, maladie de Lyme, teigne, H5N1, Zika, Ebola, SRAS, Covid-19... La majeure partie des maladies d'origine animale sont associées à la domestication des premiers animaux, et le rythme des transmissions s'est accéléré au cours des dernières décennies. Aujourd'hui, sur les cinq nouvelles maladies humaines qui apparaissent chaque année en moyenne, trois sont d'origine animale[1]. Les modifications de l'environnement sont à l'origine de 3 % des décès prématurés chez les humains, de bouleversements intenses sur la biodiversité et la vie animale. On trouve dans l'eau des traces de résidus chimiques et de médicaments, d'intrants agricoles et de nombreux micropolluants. L'appauvrissement des sols, causé par des monocultures intensives ou un usage massif d'herbicides, se traduit par un risque d'infertilité des terres. 25 % des espèces appartenant aux groupes d'animaux et de végétaux évalués sur Terre sont menacées d'extinction[2].

Face à cette énumération des chiffres et des faits, la communauté scientifique et les acteurs de terrain, agriculteurs et chercheurs, sont unanimes : le déséquilibre d'un système entraîne le déséquilibre d'autres systèmes. Les santés du vivant, de l'environnement et de tous les écosystèmes sont interconnectées. Les changements environnementaux globaux en cours et leurs impacts sur la santé humaine nécessitent de mettre en place des approches renouvelées. C'est ce qu'on appelle la « Santé Unique » (« One Health »).

L'un des meilleurs exemples de ces interconnexions réside dans les agents de maladies transmises par les tiques, les moustiques ou les mouches (dits « vecteurs »), qui transitent de l'animal à l'homme (on parle alors d'animaux « réservoirs » de virus ou autres parasites) ou qui touchent à la fois les deux. Cette interaction est hautement dépendante de l'environnement de ces vecteurs, eux-mêmes très sensibles aux changements climatiques, aux modifications des habitats, aux conditions d'élevage, de culture. La biodiversité et la faune sauvage agissent également sur ces interférences, de même que le type de productions et de pratiques agricoles et la gestion globale du territoire. Pour préserver les équilibres des écosystèmes, prévenir et lutter contre les maladies et les modifications environnementales, il est indispensable d'adopter une approche intersectorielle, multidisciplinaire et multi-acteurs.

1. Données OMS – FAO – OIE.
2. IPBES, *Rapport de l'évaluation mondiale de la biodiversité et des services écosystémiques*, 2019.

Cette approche de « Santé Unique », qui prend depuis 2020 une place décisive dans les politiques publiques, n'est pas neuve : elle hérite de l'histoire de la science de la médecine humaine et vétérinaire et des approches des sciences de l'écologie. Elle a pris de l'ampleur depuis une vingtaine d'années, adoptée par des institutions internationales – en particulier des Nations unies –, nationales, académiques et des organisations non gouvernementales (ONG).

Sagesse antique et médecine moderne

La reconnaissance du lien entre la santé et l'environnement remonte au ve siècle avant notre ère. Hippocrate recommande aux médecins de « [...] *considérer, premièrement, par rapport aux saisons de l'année les effets que chacune d'elles peut produire* [...]. *Il* [le médecin] *doit également considérer les qualités des eaux* [...]. *Il examinera si le sol est nu et sec, ou boisé et humide ; s'il est enfoncé et brûlé par des chaleurs étouffantes, ou s'il est élevé et froid*[1] ».

Après plusieurs siècles où alternent différentes conceptions de la médecine humaine et de son lien avec l'environnement, la prégnance des interdépendances fait l'objet d'une approche scientifique démontrée.

Mouvement vétérinaire et médecine comparée

À la fin du xviiie siècle, la naissance des écoles vétérinaires et l'essor de la médecine animale, en France et en Europe, changent la connaissance de la santé. Le développement de la médecine comparée, sous l'impulsion de certains médecins, comme Vicq d'Azyr en France ou Hunter en Grande-Bretagne, établit la corrélation entre épidémies humaines et animales et conditions climatiques et géographiques. En 1796, l'Anglais Edward Jenner crée la « *vaccine* » en inoculant une forme bénigne de *Cow pox* (variole de la vache) à un enfant. Son procédé, décrié au départ, démontre que ce geste protège les humains contre la variole. Dans les années 1830, une série d'études montre l'équivalence de maladies animales et humaines, comme la rage ou l'anthrax. En 1847, le médecin

1. Hippocrate, *Des airs, des eaux, des lieux*, traduit du grec par M. Magnan, Paris, 1887.

pathologiste allemand Rudolf Virchow définit le lien zoonotique : « *Entre la médecine animale et la médecine humaine, il n'y a pas de ligne de démarcation – et il ne devrait pas y en avoir. L'objet est différent mais l'expérience obtenue constitue la base de toute médecine.* » En 1878, Louis Pasteur met au point des vaccins contre le choléra des poules, en 1881 celui contre l'anthrax et en 1885 celui contre la rage.

L'approche américaine et hygiéniste

Aux États-Unis, le médecin Thomas Logan introduit l'idée de l'incidence environnementale dans la santé humaine. Dans un texte de 1859, il souligne qu'« *une connaissance de l'étiologie des maladies peut être mieux atteinte en étudiant les affections des différentes localités en relation avec chaque condition ou circonstance estimée préjudiciable à la santé des habitants. Une telle recherche* [...] [permet] *d'élucider les relations des maladies au climat, aux formations géologiques dominantes, la faune, les végétaux, les minéraux, les eaux, qui varient avec la croûte terrestre*[1]... ».

Le développement de l'hygiénisme et les politiques d'intervention sur l'environnement (comme l'assainissement des eaux) renforcent alors la compréhension des interdépendances systémiques.

L'approche des sciences « coloniales »

À la fin du XIXe siècle, la médecine « coloniale » commence à démontrer que l'environnement est une donnée fondamentale de compréhension des risques pour la santé publique. Dans les années 1930, l'African Research Survey, réseau d'universitaires de différentes institutions britanniques, mène des travaux de recherches dont les scientifiques de l'époque, autour de E. Barton Worthington, exposent les résultats dans l'ouvrage *Science in Africa* : « *L'image réellement présentée par l'Afrique est celle du mouvement, toutes les branches de l'activité physique, biologique et humaine réagissant les unes sur les autres, pour produire ce que*

1. Linda Nash (2006), *Inescapable Ecologies. A History of Environment, Diseases and Knowledge*. Berkeley, University of California Press.

les biologistes appelleraient un complexe écologique[1]. » En 1942, le président de l'Indian Science Academy, Sir Albert Howard, déclare que « *la santé du sol, des plantes, des animaux et des personnes est une et indivisible*[2] ».

L'approche écologue

Le lien entre développement humain et approche écologique et écosystémique est mis en lumière dans la seconde moitié du XXe siècle par l'écologue britannique Julian Huxley[3]. Et ce sont les travaux de l'épidémiologiste vétérinaire Calvin Schwabe qui forgent le terme de « One Medicine » (Médecine unique). De son travail avec des pasteurs Dinka au Soudan, Schwabe écrit dans un ouvrage[4] publié en 1964 : « *Il n'y a aucune différence de paradigme entre médecine humaine et médecine vétérinaire. Les deux sciences partagent un corpus commun de connaissances en anatomie, physiologie, pathologie, sur les origines des maladies chez toutes les espèces.* »

En 1968, le rapport final de la Conférence de l'Unesco sur la biosphère[5] indique que « *l'homme fait partie intégrante de la plupart des écosystèmes, non seulement influençant mais subissant l'influence ; que sa santé physique et mentale, présente et future, est intimement liée aux systèmes dynamiques d'objets, de forces et de processus naturels qui interagissent avec la biosphère et incluant également la culture de l'homme* ».

1. Helen Tilley (2011), *Africa as a Living Laboratory. Empire, Development, and the Problem of Scientific Knowledge, 1870-1950*, Chicago, The University of Chicago Press.
2. Cité par Rattan Lal (2021).
3. L'écologue Julian Huxley, de l'Université d'Oxford, a cofondé le Fonds mondial pour la nature (WWF) et initié la création de l'UICN. Il a été le premier directeur de la nouvelle Unesco en 1946.
4. *Veterinary Medicine and Human Health*, Williams & Wilkins, 1964.
5. Le terme de « biosphère », créé en 1925 par le géochimiste russe Vladimir Vernadski, désigne le système complexe associant, à la surface de notre planète, des milieux aux caractéristiques physico-chimiques uniques (océan, atmosphère et couches supérieures de la lithosphère) et les êtres vivants qui les composent (cit. Larousse).

Les grandes dates de la Santé Unique

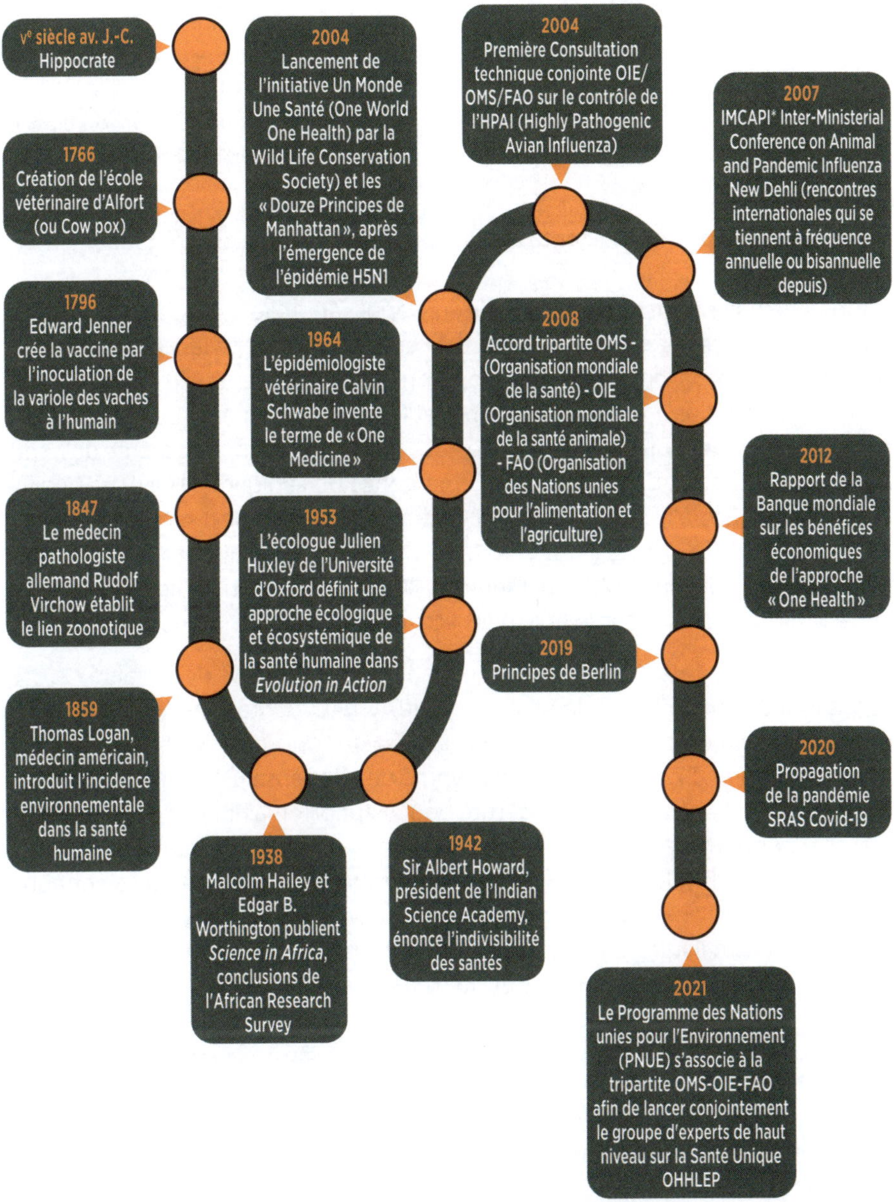

> « Pour mettre fin à la triple crise planétaire du changement climatique, de l'appauvrissement de la biodiversité et de la pollution, qui menace notre paix et notre prospérité, nous devons comprendre que la santé humaine, la santé animale et la santé de la planète sont indissociables. »
>
> **Inger Andersen**
> Directrice exécutive du PNUE

La concrétisation de la Santé Unique par l'approche écosystémique

L'approche par écosystème est fondée sur l'application de méthodologies scientifiques adéquates et rigoureusement concentrées sur des paliers d'organisation biologique. Ces paliers constituent les principaux processus, structures, fonctions et interactions entre les organismes et leur environnement. Les populations humaines, dans leur diversité culturelle, sont une composante intégrante de nombreux écosystèmes[1]. En 2004, après l'émergence de l'épidémie H5N1, la Wildlife Conservation Society (WCS) promeut l'initiative « Un monde, une santé » (« One World, One Health ») autour des « Douze principes de Manhattan[2] ». Les Objectifs du Millénaire pour le développement en 2005 établissent un lien fonctionnel entre la biodiversité, la santé et le bien-être des populations humaines.

En 2008, l'accord « tripartite » OMS (Organisation mondiale de la santé) – OIE (Organisation mondiale de la santé animale) – FAO (Organisation des Nations unies pour l'alimentation et l'agriculture) consacre l'approche « One Health » par les Nations unies. En juin 2021, le Programme des Nations unies pour l'environnement (PNUE) s'associe à cette tripartite pour y apporter la dimension environnementale. Les quatre agences nomment un groupe d'experts de haut niveau Santé Unique (OHHLEP[3]), lequel a pour mission de fournir une évaluation scientifique pertinente afin d'améliorer les politiques de prévention des émergences et des épidémies de maladies zoonotiques résultant des modifications des interfaces entre humains, animaux sauvages et domestiques.

---

1. IUCN, Hubert N'Djafa Ouaga, *L'Approche écosystémique ou par écosystème,* Note introductive.
2. http://www.wcs-ahead.org/manhattan_principles.html. Ces principes ont été mis à jour par les « principes de Berlin sur une seule santé » en 2019 lors de la conférence « One Planet, One Health, One Future ».
3. https://www.who.int/news/item/11-06-2021-26-international-experts-to-kickstart-the-joint-fao-oie-unep-who-one-health-high-level-expert-panel-(ohhlep)

L'AGRICULTURE AU CŒUR DES ENJEUX DE SANTÉ UNIQUE

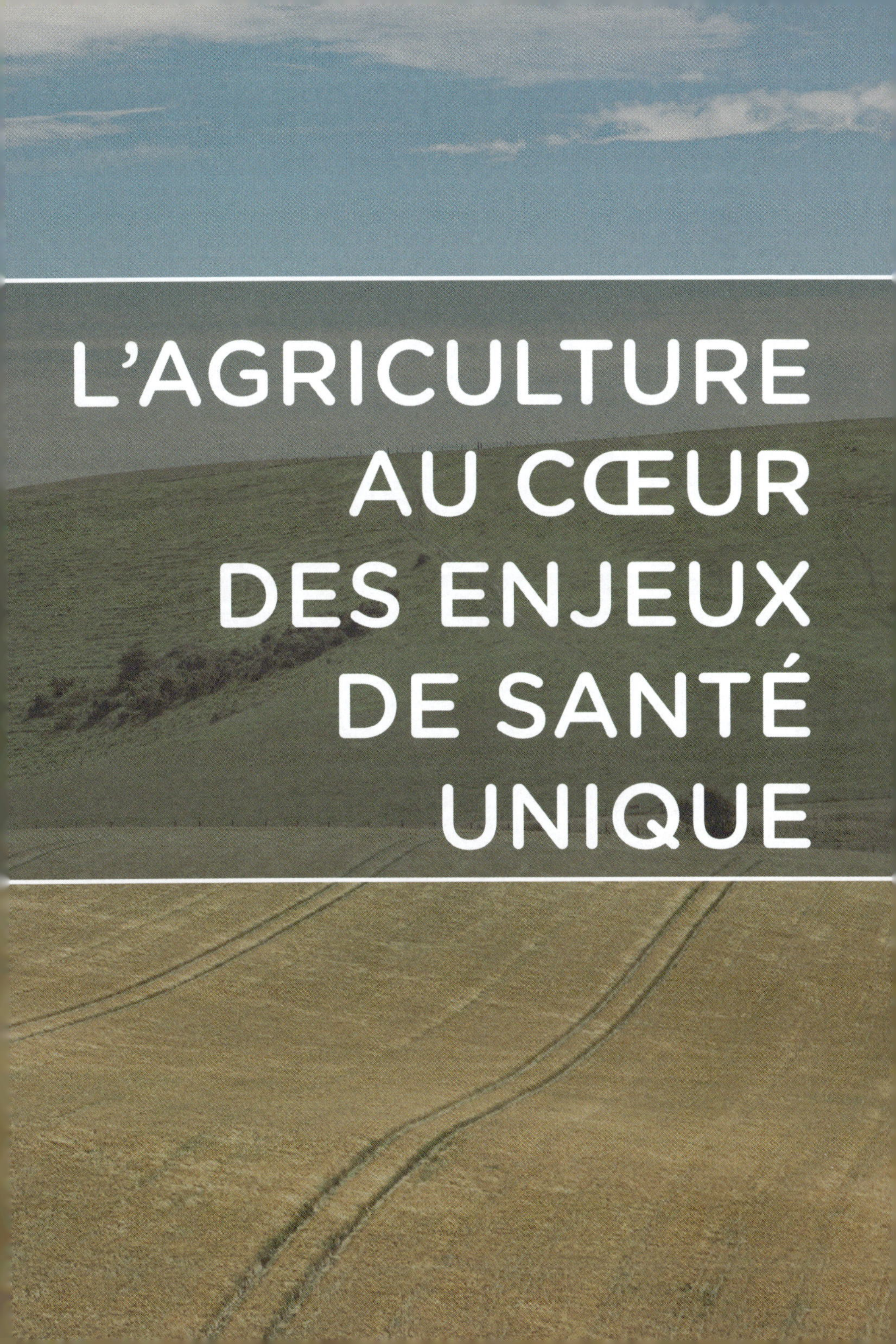

L'agriculture, épicentre d'un développement durable et inclusif

Pr. Rattan Lal, Lauréat 2020 du World Food Prize Foundation, Professeur émérite des sciences du sol, directeur du Centre Rattan Lal pour la gestion et la séquestration du carbone (CFAES) de l'Université de l'Etat d'Ohio State, Columbus, États-Unis, professeur associé de l'Université d'Islande et de IARI, New Delhi, Inde, Président du département Science du sol de l'Institut Interaméricain pour la Coopération dans l'Agriculture (IICA), Ambassadeur de Bonne volonté pour le Développement durable de San Jose, Costa Rica.

La croissance rapide et l'affluence croissante de la population mondiale – 7,8 milliards en 2020, 9,8 milliards en 2050 et 11,2 milliards en 2100 – rendent urgent le développement durable des ressources naturelles, notamment des sols, du climat, de l'eau, des paysages, de la végétation et de la biodiversité. Parmi ces ressources, la qualité du sol est limitée, inégalement répartie géographiquement et sujette à la dégradation par une mauvaise exploitation et une mauvaise gestion. Sur la base du concept de « Santé Unique », la gestion durable des ressources naturelles est essentielle au bien-être de l'homme et à la conservation de la nature.

Développement durable, agriculture durable

Le concept de développement durable, un état dans lequel les exigences imposées à l'environnement peuvent être satisfaites sans réduire sa capacité à permettre aux gens de vivre bien, aujourd'hui et à l'avenir, repose sur le principe que l'agriculture durable est le moteur du développement économique. Cependant, l'agriculture moderne est confrontée à de multiples défis, dont le réchauffement climatique, la dégradation des sols, la pollution de l'air, la contamination de l'eau et la diminution de la biodiversité. Par conséquent, la qualité nutritionnelle et la sécurité des aliments, dont dépend la santé de l'ensemble de l'humanité, doivent être gérées selon des pratiques agricoles et d'exploitation des sols qui, simultanément, restaurent la santé de ceux-ci, s'adaptent au réchauffement climatique et l'atténuent, améliorent la qualité et le caractère renouvelable de l'eau et renforcent la biodiversité aérienne et souterraine. Cette approche est pertinente pour faire progresser tous les Objectifs de développement durable (ODD) de l'ONU en général, et l'ODD 2 « Faim Zéro » d'ici 2030 en particulier. En plus de produire suffisamment de calories, la nourriture produite doit également être riche en nutriments et sûre. Près de 3 milliards de personnes n'ont pas les moyens d'avoir une alimentation saine et sûre. La prévalence de la malnutrition, qui touche 2 milliards de personnes dans le monde, est exacerbée par la dégradation et l'épuisement des sols. Pas moins de 17 nutriments essentiels contenus dans les aliments doivent provenir du sol sur lequel les cultures et les animaux sont élevés. Par conséquent, l'agriculture durable doit prendre en compte les cinq domaines du concept de Santé Unique :

1) des quantités adéquates de nourriture ;
2) une qualité nutritionnelle suffisante ;

3) des sols sains, de l'eau et de l'air propres ;
4) des écosystèmes sains ;
5) des processus planétaires stables.

Ces cinq domaines dépendent tous d'environnements sains comprenant une trinité en forte interaction : le sol, l'eau et l'air.

L'interaction entre le sol et la santé humaine, qui régit les effets des propriétés et des processus du sol sur la santé humaine et ceux des activités anthropiques sur la qualité et la fonctionnalité du sol, doit être comprise, en particulier à l'ère anthropique moderne. Le fait que le sol puisse améliorer ou entraver la santé humaine et que les êtres humains puissent, à leur tour, restaurer ou dégrader la qualité et la fonctionnalité du sol constitue la base du développement durable. Les quatre piliers de la durabilité sont les suivants :

1) l'environnement, constitué du sol, de l'eau, de l'air, du paysage et de la biodiversité ;
2) l'économie, qui repose sur le revenu net, non seulement à court terme mais aussi à long terme ;
3) le social, qui réside dans les avantages sociétaux et les services écosystémiques essentiels au bien-être de la communauté ;
4) l'institutionnel, qui comprend les secteurs gouvernemental et non gouvernemental, l'éducation et la vulgarisation, la finance et le conseil, etc.

Par conséquent, le développement durable est l'intégration ou l'équilibre des questions environnementales, sociales, économiques et institutionnelles, de sorte que les gens puissent vivre en harmonie et en symbiose avec la nature ou l'environnement.

Agriculture régénératrice

La production alimentaire mondiale est suffisante pour nourrir la population actuelle et future. Sur les trois gigatonnes de céréales produites, plus d'une est gaspillée, et la proportion de gaspillage peut être encore plus importante pour les produits frais (c'est-à-dire les fruits et légumes). Plutôt que de viser à étendre la superficie des terres, il est pertinent de : 1) réduire le gaspillage ; 2) accroître l'accès à la nourriture en s'attaquant à la pauvreté, aux inégalités, aux guerres et à l'instabilité politique ; 3) améliorer la distribution ; 4) accroître l'exploitation des légumineuses et d'autres sources alternatives de protéines ; 5) accepter la responsabilité personnelle et ne considérer ni la nourriture ni les ressources naturelles comme acquises ; 6) réduire l'écart de rendement en augmentant la productivité des terres existantes ; 7) faire de l'agriculture une solution aux problèmes environnementaux ; et 8) promouvoir l'agriculture sans sol (par exemple, l'aquaponie, l'aéroponie, l'hydroponie), combinée à des techniques d'agriculture en plein air ou verticale.

L'avenir en perspective

L'agriculture a un bel avenir devant elle. Les changements qui interviendront entre 2020 et 2050 seront plus nombreux que ceux qui se sont produits au cours des 12 000 dernières années, depuis l'apparition de l'agriculture sédentaire. Les systèmes alimentaires mondiaux ont besoin d'être révisés afin de les rendre plus respectueux de la nature et de l'environnement. Le concept d'agriculture régénératrice est basé sur l'adoption de l'éco-intensification, l'augmentation de l'efficacité de l'exploitation des ressources en réduisant les déchets/fuites, le recyclage des bioproduits de l'agriculture, et la production de plus avec moins – moins de terre, moins d'eau, moins d'énergie et d'émissions gazeuses,– de sorte que certaines terres agricoles marginales puissent être rendues à la nature. Par conséquent, la « révolution verte » du XXIe siècle doit être : 1) centrée sur les sols et fondée sur leur résilience ; 2) centrée sur les écosystèmes et fondée sur l'éco-efficacité des intrants ; 3) centrée sur la connaissance et fondée sur les innovations scientifiques ; et 4) centrée sur la nature et viser à vivre en harmonie/symbiose avec celle-ci.

Nourrir une population de 10 milliards d'habitants d'ici 2050

L'agriculture durable et les pratiques de gestion des sols doivent se concentrer sur la qualité nutritionnelle afin d'éliminer la faim et la malnutrition cachées. Le Sommet des Nations unies sur les systèmes alimentaires, qui s'est conclu le 23 septembre 2021, a encouragé la « Coalition 4 Action on Soil Health » (CA4SH), dont le mantra est le suivant: «bonne santé des sols = bonne alimentation = bonne santé humaine = bons écosystèmes = perspectives plus fortes de paix et d'harmonie dans le monde».

La santé des sols, des plantes, des animaux, des personnes, des écosystèmes et des processus planétaires est une et indivisible.

© R. Lal

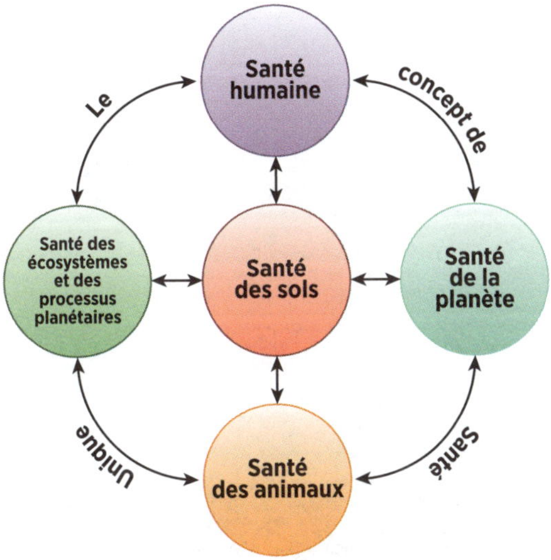

Le sol, socle de la santé du vivant

Céline Basset, Fondatrice de l'association La Ferme Blue Soil, spécialisée dans les outils de transition alimentaire, agricole et de dépollution, l'agriculture régénérative, la sécurité alimentaire et la gestion des risques majeurs des territoires ; formée à l'école de la fondation Soil Food Web du Dr. Elaine Ingham (États-Unis).

Notre corps humain est un écosystème constitué de micro-organismes fonctionnant ensemble pour maintenir notre bonne santé. La santé de notre microbiote intestinal dépend de la bonne santé des *territoires*[1] qui se composent du *microbiote des sols* et du *microbiote social*. Or le complexe « humain/environnement/social/territoire » n'opère plus de manière organique.

Lorsque notre *microbiote intestinal* est perturbé, l'ensemble de nos fonctions vitales l'est aussi.

Du microbiote intestinal au microbiote du sol

Il en est de même pour le fonctionnement du sol lorsque ses qualités agronomiques et microbiologiques sont altérées par des modes de production conventionnelle utilisant des biocides. Les déséquilibres du microbiote du sol sont multiples et impactent les paysans, les consommateurs et la biodiversité. Pour les agriculteurs, cela se traduit par une perte de rentabilité expliquée par la hausse des cours de la Bourse, la hausse des coûts de production (toujours plus d'engrais, plus de biocides, plus d'eau), la diminution de la fertilité des sols, la baisse des rendements et la destruction des écosystèmes. Telle une réaction en chaîne, la destruction du « capital nourricier » enclenche une série d'effondrements successifs qui sont tous interdépendants.

> “Aucun sol sur cette planète ne manque de nutriments pour faire pousser des plantes. Ce sont ces interactions biologiques qui libèrent ces nutriments sous une forme assimilable par les plantes.”
>
> **Dr. Elaine Ingham**

Les sols, chaos fertile

Selon les travaux du Dr Ingham[2] et de Sparks (2003[3]), il n'y aurait pas de sols pauvres en nutriments : il n'y aurait que des sols pauvres en micro-organismes.

1. Citation de Stéphane Linou.
2. https://scholar.google.com/citations?user=iOm3z4AAAAAJ&hl=en et https://investinginregenerativeagriculture.com/2020/08/04/elaine-ingham/
3. Donald L. Sparks (2003) *Environmental Soil Chemistry*, Second edition, Elsevier Science, United States.

Ces derniers représentent la clef biochimique naturelle qui permet au sol de redevenir fertile. Ce mécanisme de fertilité consiste en une succession de réactions biochimiques, où les actions des micro-organismes de la « chaîne alimentaire du sol » transforment les nutriments stockés dans le sol en solution biodisponible pour les racines des plantes. La destruction des micro-organismes altère et détruit ces derniers qui ne remplissent plus leurs rôles, ni leurs fonctions. De manière similaire chez les êtres humains, la prise répétée d'antibiotiques et de biocides altère l'équilibre naturel du *microbiote intestinal*. Ce chaos microbien est pourtant la clef de la fertilité des sols dans le monde.

Les micro-organismes du sol sont multiples et représentent un véritable réseau trophique invisible, partant de la bactérie (0,2 μm), aux protozoaires (de 1 à 600 μm), aux nématodes (de 0,3 à 5 mm), aux microarthropodes (de 200 μm à 2 mm) et aux mycorhizes (80 % d'endomychorizes, 20 % d'ectomycorhizes) et bien plus encore. C'est au niveau de la rhizosphère que ces derniers coopèrent ingénieusement pour maintenir l'équilibre du sol qui joue un rôle important dans la qualité nutritionnelle des rendements agricoles et la rentabilité économique d'une parcelle. Pour illustrer mon propos, les mycorhizes arbusculaires (endomycorhyzes), qui colonisent la majorité des plantes terrestres, sont chargées du transport de l'eau et des nutriments en échangeant des sucres et des vitamines provenant des exsudats racinaires des plantes. Ces services naturels et gratuits opèrent naturellement dans le sol d'une parcelle agricole, mais ils disparaissent lorsque l'application d'antifongique est effectuée.

Ainsi, l'ensemble des micro-organismes forme une sorte de *chaos fertile* fonctionnant de manière très *organique et équilibrée*. Ils représentent des *agents biologiques naturels* qui assurent une sorte d'« *homéostasie* », permettent d'améliorer les apports nutritifs et de renforcer le système immunitaire des plantes qui, face aux agressions (parasites), déploient ainsi des stratégies de défenses naturelles. Par exemple, lorsque les laitues sont mordues par des prédateurs (limaces), elles rendent leur sève plus aversive au goût de manière à tenir leurs agresseurs à distance. Les bénéfices du complexe « génie végétal / micro-organisme / sol » sont visibles aussi bien à l'échelle microscopique qu'à l'échelle macroscopique.

Nourrir en régénérant

Les *outils de transition agricole et alimentaire* visent à prendre en charge temporairement la production végétale en milieu urbain et rural de manière concomitante aux changements des pratiques agricoles régénératives (agroécologie, agroforesterie, etc.) qui nécessitent leur propre temporalité (20-30 années) tant dans l'apprentissage que dans leurs déploiements. Ces *outils de transition* sont des dispositifs hors sol et *low-tech* (microbioponie[1]). Ils ont pour but de répondre à des problématiques de résilience alimentaire et sont décentralisés et organisés en toile alimentaire de manière à ne plus dépendre des chaînes logistiques et des ressources externes dans le temps. Ils ont une fonction alimentaire et régénérative : (i) assurer une assiette végétale aux habitants le temps que les écosystèmes se régénèrent, que les rendements agricoles augmentent et que le modèle de rentabilité se stabilise dans les systèmes de cultures en pleine terre et (ii) ils peuvent ensemencer les sols avec la culture de micro-organismes.

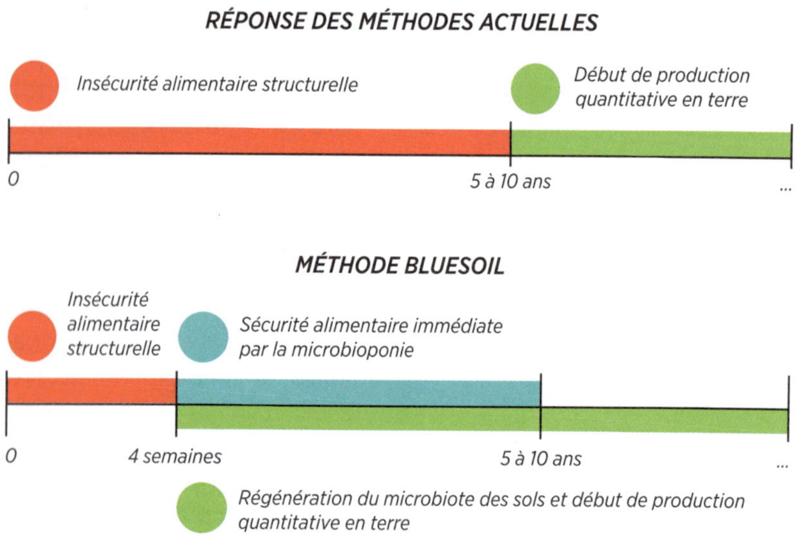

Temporalité de la production alimentaire

1. https://www.bluesoil.org/outils-de-transition-agricole/microbioponie/

La santé des plantes, expression d'un sol vivant

Marc-André Selosse, Chercheur, professeur au Muséum national d'histoire naturelle, chargé de cours à l'ENS, responsable de l'équipe Interactions et Évolution Végétale et Fongique au MNHN, professeur aux universités de Gdansk (Pologne) et Kunming (Chine) ; membre de l'Académie d'agriculture de France, président de la Fédération BioGée.

Propos recueillis par **Catherine Dernis**,
consultante en affaires publiques et sciences politiques.

Historiquement, c'est-à-dire paléontologiquement, la plante s'est toujours construite et adaptée à un sol vivant. D'une part, elle utilise des processus générant les sols : la minéralisation de la matière organique, l'altération des roches qui est aussi catalysée par des micro-organismes et la fixation de l'azote. D'autre part, la plante participe au brassage du sol, en y injectant du carbone par ses racines et en remontant à la surface de la minéralité. Les racines modifient la composition microbienne du sol et certains microbes du sol sont des agents phytosanitaires : ils jouent un rôle protecteur de la plante. Ils consomment les ressources que pourraient consommer les parasites et produisent parfois des antibiotiques qui augmentent les capacités de défense de la plante.

Enfin, dans le sol, on trouve également des champignons associés aux plantes. Parmi les plus remarquables, ceux des mycorhizes : ils colonisent les racines de la plante par un réseau de fins filaments – le mycélium – capables d'explorer un grand volume du sol. Ils rapportent à la plante des ressources venues du sol, notamment certaines, peu mobiles, comme le phosphore. La vie du sol nourrit donc les plantes non seulement indirectement en produisant les ressources, mais aussi directement en convoyant ces aliments vers la plante.

C'est sur ce sol vivant que la plante pousse. Or plusieurs éléments déconnectent la plante de cette logique de vie du sol. Quand on nourrit la plante artificiellement par des engrais, et non par ses champignons mycorhiziens, elle grandit sous perfusion. Les plantes ainsi nourries font baisser le recrutement d'auxiliaires protecteurs dans leurs racines, ce qui va rendre nécessaire l'utilisation accrue de pesticides. Les plantes perdent leurs capacités à se nourrir et à se défendre par l'écosystème microbien. Elles passent d'une dépendance à une nutrition par le sol à une nutrition apportée par l'homme et d'une défense aidée par le sol à une défense apportée par l'homme.

Sols perturbés, plantes affaiblies et risque pour la santé de l'homme

L'utilisation des intrants a eu une grande vertu : elle a permis d'accroître les rendements et donc de nourrir l'humanité. Grâce aux produits phytosanitaires, il n'y a plus de famine en Occident.

Mais cette artificialisation de la croissance des plantes est, directement ou indirectement, toxique pour l'homme et son environnement. Du côté des pesticides, les liens sont établis. Ainsi, statistiquement, les agriculteurs développent de 5 à 7 % de cancers[1] de moins que la population générale, parce qu'ils vivent de façon plus saine. Mais leurs cancers sont plus inhabituels : on les impute à l'usage des pesticides et à une dégradation chimique de notre environnement.

Un autre exemple de pesticide qui a des effets perturbateurs à plusieurs niveaux est la chlordécone, qui frappe actuellement les Antilles. Ce pesticide passe des sols à l'eau. Dans les réseaux d'eau douce, directement absorbée par l'homme, il a des conséquences sur les systèmes hormonaux et il se propage dans les chaînes alimentaires aquatiques ; la pêche au large des sols peut être infectée par la chlordécone, dont les effets se relâchent lentement.

Du côté des engrais, leurs effets affectent indirectement les hommes, par l'eau et l'air, et ils se transmettent aux systèmes aquatiques : l'effet des engrais se prolonge sur les algues, qui prolifèrent sans que les milieux marins puissent les recycler. Le sulfate remplace alors l'oxygène dans les respirations bactériennes, ce qui produit du H_2S (hydrogène sulfuré), un gaz toxique et néfaste pour la santé humaine. On connaît ces proliférations d'algues en Bretagne, où elles sont surtout une nuisance visuelle. Mais elles atteignent leur paroxysme dans les Caraïbes, où l'on trouve des marées de sargasses. Avec la chaleur, les sargasses produisent des émanations plus fortes. Les habitants des littoraux affectés par le H_2S sont parfois loin des lieux d'où est parti le H_2S. Cela montre comment les sols sont connectés à l'atmosphère, aux eaux douces et aux eaux littorales... et à l'humanité.

Les engrais ont un effet indirect sur la santé humaine car ils contribuent à la dénitrification dans les sols. Dans les poches du sol où il n'y a pas d'oxygène, les engrais vont produire du protoxyde d'azote (N_2O). Or chaque molécule de ce gaz est 250 fois plus active en termes d'effet de serre qu'une molécule de CO_2 : le couple irrigation et fertilisation est donc un agent d'effet de serre.

1. Lymphomes, leucémies, mélanomes, tumeurs du système nerveux central ou cancers de la prostate. Cf. étude Agrican, novembre 2020. https://www.agrican.fr/

Changer les pratiques agricoles

Pour retrouver les vertus d'une interaction sols-plantes-alimentation humaine et animale, sans pesticides ni engrais, les alternatives passent par des changements de pratiques, notamment agricoles.

La première est une agriculture sous couvert, sans perturbation du sol par du labour. La couverture végétale, qui permet que le sol ne soit jamais nu, enrichit la terre par des engrais organiques (décomposition de l'humus) en créant un stock de matière organique dans le sol.

Une deuxième pratique, ancienne, utilisée dans certaines jachères ou en interculture annuelle, est celle des engrais verts, comme les trèfles de luzerne. Ces plantes s'associent à des bactéries fixatrices d'azote. Ce sont des protéagineux.

Certaines cultures associent plusieurs types de plantes aux synergies bénéfiques et qui évitent de perturber les sols. Je citerai trois exemples.

- La technique du *push-pull* consiste à utiliser, parallèlement à la culture dominante, des plantes qui ont des propriétés répulsives ou attractives pour les insectes. Dans certaines régions d'Afrique, on plante du desmodium entre les rangs de maïs. C'est une légumineuse à la fois fixatrice d'azote et répulsive d'un parasite racinaire du maïs, le striga. Pour optimiser encore la protection du maïs, on plante au bord des champs de napier (*Pennisetum purpureum*) qui, eux, attirent des organismes qui vont ainsi se détourner du maïs, comme les papillons ravageurs.
- En Europe, l'agroforesterie (plantation d'arbres au-dessus d'une culture annuelle, ou de haies en bordure des champs) donne également de très bons résultats, à l'instar de la culture annuelle de céréales sous les noyers. Si un producteur veut produire séparément la même quantité de céréales et de noix que sur un hectare agroforestier, il lui faudrait 1,5 hectare, soit un *land equivalent ratio* (taux équivalent de sol) de 1,5. Cette pratique est encore trop peu répandue, car notre agriculture est liée à la spécialisation des exploitations et des régions. Mais cette « dé-spécialisation » est très bénéfique, d'autant que l'agroforesterie a des conséquences microclimatiques, avec des effets d'écran à la propagation de maladies qui peuvent diminuer les coûts des intrants.

- Les haies sont un autre exemple de protection. Ce sont des habitats pour les chauves-souris et les oiseaux, qui exercent une forte pression de prédation sur les insectes attaquant les cultures. Elles font aussi écran pour éviter la propagation des maladies d'un champ à l'autre.

La protection des plantes sur les parties aériennes peut également se faire grâce à une association avec certains micro-organismes. Sur les arbustes et les arbres des régions tempérées, on trouve sur la face inférieure des feuilles, à la divergence des nervures, des touffes de poils qui attirent les acariens mycophages. Ils se nourrissent en nettoyant la feuille. C'est un type de protection efficace pour la vigne, par exemple, mais oubliée et compromise par la bouillie bordelaise dans les vignes victimes de champignons phytopathogènes. Il suffit d'apporter des branches coupées dans d'autres vignes où nichent ces acariens typhlodromes pour profiter de leur protection.

Une autre association protectrice dans les parties aériennes des plantes est celle qui les associe à des champignons. Ces champignons endophytes ont des actions repoussantes contre les insectes ou les autres champignons.

Faire comprendre les interactions pour guider les choix de consommation

Ces environnements protecteurs des plantes n'ont pas toujours été pris en compte, parce que nous avons toujours vu dans la nature les organismes comme des entités à part entière – ce qui débouche sur des pratiques de monocultures sans auxiliaires microbiens. Nous ne les avons jamais vus comme des sortes de plateformes d'interactions.

Pour que cela fonctionne, il faut aussi disposer de semences qui s'y prêtent. Ce qui suppose de travailler à la fois avec des variétés anciennes, par exemple des semences paysannes, dans lesquelles on peut resélectionner pour une agriculture différente. Il faut croire à la sélection variétale. C'est un levier important, même s'il est compliqué à manier, car les fournisseurs n'ont pas forcément envie d'entendre parler de semences paysannes, et les fournisseurs de semences paysannes n'ont, eux, pas nécessairement envie de parler de génétique ou d'optimisation pilotée des semences.

C'est fondamental, car les choix que l'on fait sur la parcelle jouent sur la santé de l'homme.

Du reste, cette agriculture différente ne pourra pas se faire sans le consommateur. C'est lui, par ses habitudes de consommation, qui peut choisir l'agriculture de demain. La santé des plantes, des hommes, de tous les écosystèmes passe par la formation et l'information de nos concitoyens. C'est un vrai enjeu, difficile à mener à bien dans une société qui enseigne de moins en moins les sciences. Il faut réveiller la compréhension et l'initiation à la complexité du vivant, car cela prépare à voir l'invisible dont nous dépendons. Cette appréhension de la complexité ne se fera pas sans éducation.

L'application Agape pour aider les agriculteurs africains à adopter le *push-pull*

Agape Innovations Limited, entreprise ougandaise qui propose des solutions innovantes aux petits exploitants agricoles d'Afrique, s'est associée à des scientifiques pour diffuser auprès des producteurs de maïs une application numérique utilisant la technique *push-pull* (« pousser-piéger », ou « répulsion-attraction »). Le *push-pull* lutte contre les parasites, notamment le striga, et améliore la fertilité des sols sans utiliser d'intrants chimiques inorganiques.

L'application fonctionne hors ligne, est compatible avec tous les appareils Android, est 100 % gratuite et possède des outils audio, visuels et graphiques qui dépassent les différentes barrières de la langue de travail et de l'analphabétisme.

La technique *push-pull* est efficace pour cultiver du maïs avec une culture-piège *(pull)* et une culture répulsive *(push)*. La culture *pull* dégage une « odeur » qui attire à elle l'insecte (loin du maïs) et la culture *push* émet des signaux qui répugnent le ravageur (là aussi, le repoussant loin du maïs). Si cette stratégie permet d'éloigner les papillons des cultures céréalières, elle attire également des organismes utiles qui s'attaquent aux œufs, aux larves et aux pupes des ravageurs. En outre, les éléments chimiques libérés par les racines de la culture piège font échouer la germination du striga, ce qui permet de lutter efficacement contre cette mauvaise herbe parasite très nuisible. Le *push-pull* améliore également la fertilité du sol en fixant l'azote, en optimisant la séquestration du carbone, la matière organique, la rétention d'humidité et le biote du sol, et empêche toute nouvelle dégradation de ce dernier. Les plantes compagnes fournissent du fourrage de grande valeur pour les animaux, avec pour effet la croissance de la production de lait, et donc la diversification des revenus des agriculteurs.

Paul Musigha

Lutter contre les effets du changement climatique pour assurer la souveraineté alimentaire : l'exemple du Burkina Faso

Salifou Ouédraogo, Ministre de l'Agriculture et des Aménagements Hydroagricoles du Burkina Faso.

Le Burkina Faso a pris l'option de mettre dans sa Constitution le droit à l'alimentation: cela témoigne de la volonté politique de l'État de mettre fin aux cycles récurrents de déficits alimentaires. Cette décision renforce la vision de notre Politique nationale de sécurité alimentaire et nutritionnelle (PNSAN) : «*assurer à tout moment, à l'ensemble des populations, un accès équitable à une alimentation équilibrée, suffisante et saine afin de contribuer à la réduction de la pauvreté, à la consolidation de la paix sociale et à la réalisation d'un développement durable*». Cette politique se base sur une approche inclusive à travers le concept «*ne laisser personne de côté*» dans la perspective de l'atteinte des Objectifs de développement durable (ODD) 1 et 2: éradiquer la pauvreté et éliminer la faim et la malnutrition sous toutes leurs formes d'ici 2030.

Face à la récurrence des aléas climatiques, des crises sécuritaires et sanitaires (Covid-19), la question de la souveraineté alimentaire pour une sécurité alimentaire et nutritionnelle durable dans une approche «Santé Unique» est au cœur des priorités nationales. L'État, avec l'accompagnement des acteurs non étatiques et les partenaires au développement, doit davantage renforcer son *leadership* dans la prise en charge de cette thématique pour un développement intégré, harmonieux et durable de notre pays.

Le développement socioéconomique du Burkina Faso est basé en grande partie sur le secteur agricole, qui occupe plus de 86 % de la population active et représente 35 % du produit intérieur brut (PIB). C'est le pilier de la sécurité alimentaire et nutritionnelle, de l'emploi et des revenus pour la majorité des Burkinabés.

Notre agriculture est de type familial et repose sur une population en majorité pauvre, rurale, féminine et jeune, dynamique mais peu organisée. On assiste également à l'émergence de quelques entrepreneurs agricoles qui méritent d'être soutenus et accompagnés.

En termes d'atouts du secteur agricole, le potentiel des terres agricoles est estimé à 9 millions d'hectares de terres dont 233 500 hectares irrigables avec maîtrise totale de l'eau et 500 000 hectares de bas-fonds aménageables.

Nonobstant les grandes potentialités agricoles dont regorge notre pays et les actions engagées pour assurer la sécurité alimentaire et nutritionnelle, le secteur agricole demeure confronté à une multitude de défis et problématiques émergents :

- les systèmes de production peu performants ;
- l'organisation et la professionnalisation insuffisantes des acteurs des chaînes de valeur ;
- l'accès limité au financement ;
- la pression démographique et ses conséquences sur les terres agricoles ;
- les changements climatiques intensifiant les aléas naturels.

Face à cette situation, comment transformer notre agriculture pour être le moteur de la croissance et assurer une souveraineté alimentaire et nutritionnelle durable d'une population de plus en plus croissante dans un contexte marqué par l'insécurité, les problèmes sanitaires et les effets des changements climatiques ?

Pour parvenir à cela, afin d'assurer à l'ensemble des Burkinabés une sécurité alimentaire et nutritionnelle appropriée, nous devons résolument rendre notre agriculture plus moderne, compétitive et résiliente. Atteindre ces ambitions nécessite de lever les principaux défis auxquels notre agriculture demeure confrontée et d'actionner des leviers prioritaires.

Les actions stratégiques majeures pour une approche « Une Santé Unique »

Le Burkina Faso a mis en œuvre des pratiques qui peuvent être déployées à grande échelle, dans la bande sahélienne, afin de garantir la sécurité alimentaire et la lutte contre l'avancée du désert et contre le changement climatique.

- *Accroître le niveau de maîtrise de l'eau pour la production agricole*

Le pays dispose d'une pluviométrie globalement faible et irrégulière (isohyètes oscillant entre 300 et 1200 mm^3 d'eau du nord au sud). Près de 75 % des productions pluviales sont tributaires des aléas climatiques.

En termes de capacité de rétention de l'eau, plus de 1200 plans d'eau (barrages, lacs, mares) permettent ainsi de mobiliser environ 5 milliards de mètres cubes d'eau de surface par an, offrant d'immenses possibilités d'irrigation, de pêche et d'aquaculture. Les eaux souterraines représentent près de 500 milliards de mètres cubes d'eau.

Pour la valorisation de ces ressources en eau, les zones à fortes potentialités agricoles ont été érigées en agropoles (Bagrépole, Samendéni, vallée du Sourou) afin d'impulser davantage la production agricole avec une maîtrise totale de l'eau de surface. Ces agropoles sont des zones de grande irrigation. Parallèlement, un nouveau modèle d'exploitation agricole, d'une superficie de 3 hectares, performant et résilient, disposant d'un système de maîtrise totale de l'eau souterraine à partir de forage et pompage solaire pour l'irrigation, permet une production de 50 tonnes de céréales, 60 tonnes de légumes et une 1,5 tonne de poissons. La mise à l'échelle de 100 000 modèles (soit 300 000 hectares) permettra la couverture totale des besoins alimentaires du pays, bien que le coût d'un modèle soit estimé à 40 000 euros.

- *Accélérer la mécanisation agricole*

Au Burkina Faso, la mécanisation agricole se caractérise encore par une prédominance de la culture attelée. En effet, le taux de possession de charrues est évalué à 71 % contre un ratio de tracteurs par superficie exploitée estimé à 0,07 tracteur par hectare. Pour accélérer la mécanisation, le Burkina Faso a adopté l'approche des unités de mécanisation agricole (UMA) et les coopératives d'utilisateurs de matériel agricole (CUMA), qui consistent à doter chaque unité ou coopérative en matériel agricole (tracteurs, motoculteurs, équipements de récolte ou post-récolte, etc.) dans une zone donnée afin de fournir des services de labour, de récolte et de post-récolte aux producteurs qui en ont besoin. L'objectif à court, moyen et long terme est que l'essentiel des opérations de production, de récolte et de post-récolte sur les 6 millions d'hectares environ exploités par campagne agricole soit mécanisé.

- *Inverser sensiblement la tendance à la dégradation des terres agricoles et les effets néfastes des changements climatiques*

Au Burkina Faso, la dégradation des terres menace la production agricole, sylvicole et pastorale et compromet les efforts vers la sécurité alimentaire et nutritionnelle. La qualité des sols diminue à cause des pratiques non adaptées, exacerbées par les effets des changements climatiques avec des conséquences néfastes (telle la dégradation des sols) sur la survie des populations et des écosystèmes.

5,16 millions d'hectares de terre ont été dégradés entre 2002 et 2013, soit 19 % de la surface totale du territoire national – ce qui correspond à une dégradation de 470 000 hectares de terre par an. Si cette tendance se poursuit, la totalité des 9 millions d'hectares de terres cultivables du pays sera fortement compromise pour la production.

Dès lors, il est nécessaire d'assurer une gestion efficiente et durable des sols pour les générations actuelles et futures. Pour ce faire, il importe :

- d'assurer la santé des sols : cela passe par des études pédologiques à différentes échelles en vue de promouvoir l'utilisation rationnelle des terres et d'assurer leur protection pour les générations futures ;
- d'achever la cartographie systématique des sols sur l'ensemble du territoire national ;
- d'accroître la fertilité des sols à partir d'intrants adaptés aux contextes pédologiques, notamment à travers le *blending* des engrais (au moins 50 kg/ha) ;
- de développer l'agriculture de conservation : une priorité sera accordée à la conservation, à la régénération et/ou à la remise en état des sols, ce qui permet de rendre les sols dégradés à nouveau productifs (et de passer de 8 % des superficies exploitées à 50 % des superficies sous agriculture de conservation) ;
- de promouvoir l'approche de l'aménagement des terroirs, en conservant les paysages, les écosystèmes ainsi que leurs biens et services environnementaux, y compris les produits forestiers non ligneux ;
- d'accroître les investissements dans les activités de recherche sur les sols et la gestion durable des terres ;
- de procéder à la défense/récupération des terres dégradées : au rythme actuel, seuls 30 000 ha/an sont restaurés. Si l'on se projette sur cette donnée, il faudrait deux cents ans pour retrouver une bonne fertilité des sols. Il est donc vital pour la souveraineté alimentaire et nutritionnelle du pays que la restauration des terres agricoles s'accélère, et que chacun des 8 000 villages récupère 100 hectares de terres dégradées par an, soit environ 800 000 hectares par an à raison de 200 euros investis par hectare (120 000 CFA/ha), soit 1,6 milliard d'euros (1 050 milliards de FCFA). Les collectivités territoriales doivent donc inscrire annuellement dans leur budget d'investissement la réparation des terres dégradées.

Les bonnes pratiques d'une gestion durable des sols

Dans ce pays en proie à une forte aridification, l'agroécologie constitue à la fois une réponse à la dégradation de l'environnement et un facteur clé pour la reconquête de l'autonomie alimentaire et la santé des populations. Les acteurs de l'agroécologie continuent à expérimenter toutes sortes de techniques, pour améliorer les rendements tout en régénérant les sols et en économisant l'eau :

- l'enrobage agroécologique des semences, permettant des semis plus précoces et donc un allongement du cycle de production de céréales comme le sorgho et le mil, ainsi qu'une baisse des attaques des semis par les nuisibles, aboutissant à de meilleurs rendements et à une plus grande efficacité dans l'activité de semis ;
- la prévention de l'érosion et la préservation de l'eau : cordons pierreux, diguettes filtrantes, bandes enherbées, labours à plat en sous-solage, brise-vent, haies vives, demi-lunes ;
- l'amélioration de la structure du sol : compostage, compostage Bokashi, aménagement des bas-fonds, paillage, zaï.

Choisir une agriculture respectueuse de la biodiversité pour prévenir les pandémies

Benjamin Roche, Directeur de recherche à l'Institut de recherche pour le développement (IRD), spécialiste des interactions entre l'environnement et la santé, expert sollicité pour le rapport Biodiversité/Pandémies de la Plateforme intergouvernementale scientifique et normative sur la diversité biologique et les services écosystémiques (IPBES).

Le 17 mars 2020, la France est entrée dans un confinement sans précédent afin de réduire la transmission d'un virus circulant de façon pandémique. Cet événement était malheureusement attendu par la communauté scientifique tant les épidémies se sont multipliées ces dernières années. En effet, depuis maintenant trente ans, les zoonoses (*i.e.* maladies infectieuses initialement animales qui peuvent infecter de façon plus ou moins importante les humains) se sont multipliées. La Covid-19 est l'exemple récent le plus emblématique, mais elle a été précédée par les virus Ebola, d'autres coronavirus (SARS-CoV et MERS-CoV), les grippes dites « aviaires » et même le sida.

Jusqu'à présent, ces épidémies pouvaient mettre des années, voire des décennies à se répandre sur toute la planète, laissant des opportunités pour contrôler leur propagation. Malheureusement, avec les interconnexions de niveau mondial, le moindre foyer épidémique sur la planète peut se transformer très rapidement en pandémie. Avant 2020, la plupart des événements avaient pu être contenus, mais il était très probable qu'une zoonose allait dégénérer en pandémie. C'est ce que l'Organisation mondiale de la santé avait nommé la « maladie X ». C'est ce que nous appelons aujourd'hui la « Covid-19 ».

Afin de limiter au maximum la probabilité des prochaines pandémies, il faut donc changer de paradigme et ne plus se focaliser uniquement sur leur préparation. Il est important de prévenir cette exposition à l'homme. Cela passe par mieux surveiller les agents pathogènes chez les animaux, et comprendre pourquoi certaines espèces animales deviennent subitement plus infectées. Ainsi, depuis la circulation des agents pathogènes dans les écosystèmes jusqu'à l'exposition des humains, des solutions pour réduire le risque de pandémies existent, et permettent de développer des stratégies de prévention des zoonoses qui peuvent reposer sur les stratégies environnementales.

L'émergence de zoonoses se déroule en trois étapes. Tout d'abord, certains agents pathogènes se retrouvent à des niveaux plus élevés qu'habituellement au sein des écosystèmes. De nombreux facteurs peuvent être impliqués dans cette circulation plus forte, mais une théorie qui a reçu beaucoup de lumière ces dernières années est celle de l'« effet de dilution ». En effet, au sein d'écosystèmes avec une forte biodiversité, de nombreuses espèces vont être incapables de devenir infectantes une fois exposées à un agent pathogène donné. Ces espèces dites « culs-de-sac » vont freiner la transmission de l'agent pathogène, ce qui fera que les écosystèmes riches pourront « diluer » la transmission des agents pathogènes. C'est ainsi que la perte de biodiversité explique, au moins partiellement, la circulation plus intense de certains agents pathogènes. Cet effet, popularisé au début des années 2000, a depuis été observé sur des systèmes épidémiologiques très différents, allant d'agents pathogènes à transmission vectorielle (comme la fièvre du Nil occidental ou la maladie de Lyme aux États-Unis) aux maladies à transmission directe (comme les hantavirus en Europe du Nord).

Au-delà du lien entre effondrement de la biodiversité et observation d'une faune sauvage de plus en plus infectée, la nature même d'activités anthropiques, telles que la déforestation ou l'agriculture intensive, met de plus en plus en contact les populations humaines avec ces animaux porteurs d'agents pathogènes. Ajoutons à cela des interconnexions mondiales en pleine expansions, toutes les conditions sont réunies pour que l'on soit entré dans une ère des émergences. Il est donc important de quantifier précisément l'impact de ces activités humaines sur chaque étape du processus de l'émergence, afin de développer des stratégies de prévention performantes.

Néanmoins, la prévention de l'émergence de ces zoonoses se confronte aussi à un conflit de temporalité. En effet, ces activités favorisant l'émergence de zoonoses sont également importantes pour l'activité économique des populations, ainsi que leur sécurité alimentaire. Nous nous retrouvons donc face à un dilemme qui est celui de privilégier la sécurité alimentaire, visible sur le court terme, ou la prévention des prochaines pandémies, visible sur le long terme. C'est dans ce contexte que l'agroécologie, promouvant une agriculture productive mais reposant sur les processus écosystémiques permettant de conserver un certain niveau de biodiversité, peut devenir une partie de la solution. En conciliant ces deux objectifs, les stratégies agroécologiques seront en effet au cœur de ces stratégies de prévention.

Au-delà de la production de connaissances dramatiquement nécessaires, il est aussi fondamental d'avoir un impact réel sur le terrain. Ce que nous ont appris des décennies de lutte contre l'émergence des maladies infectieuses, c'est que les approches génériques *top-down* ne fonctionnent pas suffisamment car l'application sur le terrain dépend des possibilités locales, notamment en termes d'engagement des différents acteurs. C'est pourquoi il est extrêmement important de coconstruire ces stratégies avec tous les acteurs impliqués afin de pouvoir répondre au mieux aux besoins sur le terrain au travers du développement de solutions durables. Ces stratégies intégratives de prévention, répondant à des questions de santé publique au travers d'approches innovantes combinant protection environnementale, sécurité alimentaire et santé, seront nos meilleures armes pour éviter les pandémies à répétition.

Des corridors verts pour protéger la biodiversité : les initiatives de Symbiose

L'association Symbiose pour des paysages de biodiversité initie et accompagne la création et de restauration de corridors écologiques, de trames vertes sur les territoires.

Créée en 2012 sur le territoire de Champagne-Ardenne, Symbiose réunit 27 organisations adhérentes (collectivités locales et territoriales, coopératives agricoles, entreprises privées, associations environnementales, fédérations), qui agissent directement ou indirectement sur le milieu rural et agricole. Elle mène une dizaine de programmes sur le territoire.

En 2021, Symbiose a déployé le projet « Apiluz », afin de pallier le manque de ressources alimentaires des pollinisateurs constaté en Champagne crayeuse sur la période de juin à juillet. L'idée : maintenir une bande de luzerne non fauchée dans les champs après les récoltes. La luzerne monte en fleur et permet ainsi aux abeilles sauvages et domestiques de trouver une alimentation suffisante. Déjà expérimenté entre 2014 et 2016, ce corridor linéaire s'est étendu en 2021 sur plus de 1800 kilomètres de bandes de luzerne non fauchées répartis sur huit départements. Un projet sans équivalent en Europe au regard des retombées directes pour la biodiversité ! Outre son impact sur l'alimentation des pollinisateurs, Apiluz a un impact direct sur le sol : la luzerne est une plante nécessitant peu d'intrants et qui apporte naturellement de fortes quantités d'azote pour les cultures suivantes.

Le succès du projet a reposé sur la collaboration entre les six coopératives de déshydratation de luzerne, les associations des apiculteurs et plus de 3 000 agriculteurs.

Autre exemple réalisé par Symbiose : la restauration et la création de trames vertes sur trois communes du nord-est de la Marne pauvres en éléments éco-paysagers.

Un collectif d'agriculteurs a souhaité créer un maillage agroécologique pour faciliter l'habitat, la nidification, la circulation des insectes, de la petite faune et de l'avifaune, grâce à des aménagements pérennes (de type haies) et temporaires (bandes intra-parcellaires). Cinq ans après la mise en place de ces trames, le paysage du territoire, façonné par des remembrements successifs, a retrouvé variétés et espaces d'accueil.

La diversité des parties prenantes au sein de l'association permet de coconstruire des projets communs au profit de la biodiversité. Cette richesse dans l'échange, l'écoute et le respect des positionnements est un gage de pérennité et de réussite des projets.

Julie Portejoie

Le bien-être animal pour la santé de tous les écosystèmes

Robyn G. Alders, Professeur honoraire, Centre politique de développement, Université nationale d'Australie, directrice de la Fondation Kyeema, Senior Consulting Fellow du Programme de santé mondiale, Chatham House.

L'histoire de la domestication des animaux et celle de l'agriculture sont étroitement liées. Le bétail est élevé dans le cadre de nombreux systèmes différents de production, et ces systèmes influencent également la variété des rôles joués par le bétail. Au XXIe siècle, dans le monde entier, les animaux jouent toujours de multiples rôles essentiels dans l'agriculture, notamment en fournissant la traction animale, les activités de gardiennage, les engrais organiques, les fibres naturelles et les aliments nutritifs d'origine animale (Alders *et al.*, 2021a). Dans le cadre d'approches durables fondées sur la nature, les systèmes de production combinant polycultures, pâturages et élevage d'animaux nourris en prairie se tournent de plus en plus vers des pratiques régénératrices des sols (Alders *et al.,* 2021b ; Teague et Kreuter, 2020).

La gestion régénératrice des ressources des pâturages permet au bétail domestique, principalement les ruminants, de produire une couverture permanente du sol plus élevée de litière et de plantes (contribuant à la réduction de l'érosion du sol et à la formation de la couche arable) et de fournir une accumulation nette accrue de carbone organique (Teague et Kreuter, 2020). Pour la production d'aliments et de fibres d'origine animale, la terre constitue la base de la chaîne de production, où l'eau de pluie est absorbée et où les nutriments sont recyclés pour soutenir la croissance des plantes (Alders *et al.*, à paraître). La gestion régénératrice des pâturages implique la planification, le suivi et la gestion des activités de pâturage afin de garantir que :

- les plantes bénéficient d'un repos adéquat pour récupérer après le pâturage ;
- les taux de charge sont adaptés à la capacité disponible ;
- le bétail est traité efficacement pour une performance optimale et un bien-être animal sain ;
- la densité animale est utilisée comme un outil de changement ;
- la diversité des plantes, des animaux et de la microbiologie est renforcée (Alders *et al.*, 2021b ; RCS, 2019).

L'inclusion de fourrages et de bétail dans les systèmes de culture à gestion régénérative peut favoriser l'augmentation du carbone organique du sol et l'amélioration de la fonction écologique de celui-ci. Au fil du temps, la transition vers des pratiques régénératives permet de réduire les coûts de production grâce à la diminution ou à l'absence de travail du sol et à l'arrêt de l'usage d'engrais inorganiques, de pesticides, de fongicides et d'herbicides (Teague et Kreuter, 2020). La gestion régénératrice des terres enrichit une série de services écosystémiques, notamment la stabilisation et la formation des sols, l'infiltration de l'eau, la séquestration du carbone, le cycle et la disponibilité des nutriments, la biodiversité et l'habitat de la faune et de la flore, qui se traduisent cumulativement par une stabilité et une résilience accrues des écosystèmes et de l'économie (Teague et Kreuter, 2020).

Les animaux en bonne santé qui ne sont pas stressés sont moins susceptibles de tomber malades et de transmettre des maladies (Phillips, 2020). L'intensification des systèmes de production animale à partir des années 1950 a été associée à des changements environnementaux et à un risque accru d'émergence de zoonoses, sous l'effet de l'impact d'une population humaine en expansion et de l'évolution du comportement humain dans l'environnement (Jones *et al.*, 2013). L'intensification de l'élevage, en particulier des porcs et des volailles, a facilité la transmission des maladies (telles que la grippe aviaire, hautement pathogène, et la grippe porcine) en augmentant la taille des populations, la densité et l'homogénéité génétique des troupeaux du même âge (Alders *et al.*, 2014 ; Jones *et al.*, 2013). La série de pandémies de maladies infectieuses au cours de ce siècle a mis en lumière les pratiques de gestion des animaux, qui réduisent le risque de transmission de zoonoses des animaux aux humains, y compris les mesures de biosécurité multisectorielles de type Santé Unique (OMS, FAO et OIE, 2019). Dans ce contexte, les éleveurs reconnaissent qu'un bien-être animal confirmé contribue largement à une saine productivité et à la réussite des entreprises (Doyle et Alders, 2021). Si les perceptions du bien-être animal diffèrent d'une région à l'autre et d'une culture à l'autre, il s'agit fondamentalement de promouvoir des états physiques et mentaux optimaux des animaux en fonction des conditions dans lesquelles ils vivent et meurent (OIE, 2021). Au-delà du seuil de l'exploitation agricole, il est fondamental de garantir des conditions respectueuses du bien-être des animaux lors du transport et dans les abattoirs. Il est vital de veiller à ce que les installations d'abattage soient accessibles, inspectées, abordables et axées sur le bien-être pour que les entreprises d'élevage restent viables et disposent d'un solide permis social d'exploitation (gouvernement écossais, 2020). Les abattoirs mobiles font l'objet d'une attention croissante, car ils offrent des systèmes d'abattage complets qui peuvent être déplacés entre des fermes ou d'autres endroits appropriés, permettant ainsi l'abattage du bétail à la ferme

(Kennard et Young, 2018). L'abattage du bétail à proximité du point de production présente des avantages majeurs en termes de bien-être animal. En outre, les petits abattoirs offrent un large éventail d'avantages sociaux, environnementaux et économiques aux communautés rurales et constituent une base solide pour le retour à des pratiques alimentaires locales (Kennard et Young, 2018).

Le monde est à la croisée des chemins alors que les individus, les organisations et les pays cherchent à atténuer les impacts considérables de la crise climatique, de la perte de biodiversité, des inégalités croissantes, des maladies infectieuses émergentes et des maladies non transmissibles. Ce défi exige que les secteurs de l'élevage, de l'agriculture, de la santé publique et de l'environnement travaillent ensemble sous la bannière « One Health » (« Santé Unique ») pour identifier et promouvoir les systèmes de production animale qui améliorent la santé et le bien-être des personnes, des animaux et de l'environnement.

Sources

Alders, R., Awuni, J., Bagnol, B., Farrell, P. & de Haan, N. 2014. Impact of Avian Influenza on village poultry production globally. *EcoHealth*. 11(1):63–72. Disponible sur https://doi.org/10.1007/s10393-013-0867-x.

Alders, R. G., Campbell, A., Costa, R., Guèye, E. F., Hoque, M. A., Perezgrovas, R., Rota, A. & Wingett, K. 2021a. Livestock Across the World : Diverse Animal Species with Complex Roles in Human Societies and Ecosystem Services. Animal Frontiers (à paraître en octobre 2021).

Alders, R. G., Chadag, M. V., Debnath, N. C., Howden, M., Meza, F., Schipp, M., Swai, E. S. & Wingett, K. 2021b. Planetary Boundaries and Veterinary Services. *Rev. Sci. Tech. Off. Int. Epiz.* 40(2), 439–453. Disponible sur https://doi.org/10.20506/rst.40.2.3236.

Alders, R., Wingett, K., McFarlane, R., Sutherland, S., Borevitz, J. & Covic, N. 'Nutrition, soil organic carbon and sustainability : Multiple benefits of agriculture regeneration.' In : *Climate Change and Global Health*, 2nd Edition. C. Butler, K. Higgs and K. van Daalen (eds), CAB International, Wallingford, UK (à paraître).

Doyle, R. & Alders, R. 2021. 'The role of One Welfare in development and nutrition security', Chapter 9. In : *One Welfare in Practice : The Role of the Veterinarian*, T. Stephens (Ed). Boca Raton, Florida, CRC Press, pp. XX.

Jones, B. A., Grace, D., Kock, R., Alonso, S., Rushton, J., Said, M. Y., McKeever, D., Mutua, F., Young, J., McDermott, J. & Pfeiffer, D. U. 2013. Zoonosis emergence linked to agricultural intensification and environmental change. *Proceedings of the National Academy of Sciences of the United States of America*. 110(21), 8399–8404. Disponible sur https://doi.org/10.1073/pnas.1208059110.

Kennard, B. & Young, R. 2018. A good life and a good death : Re-localising farm animal slaughter. Sustainable Food Trust. Vale Press, Willersey, UK. Disponible sur https://sustainablefoodtrust.org/articles/a-good-life-and-a-good-death-re-localising-farm-animal-slaughter/.

OIE. 2021. Animal Welfare. World Organisation for Animal Health. Disponible sur https://www.oie.int/en/what-we-do/animal-health-and-welfare/animal-welfare/.

Phillips, C. 2020. Coronavirus : Live animals are stressed in wet markets, and stressed animals are more likely to carry diseases. *The Conversation,* 16 April 2021. Disponible sur https://theconversation.com/coronavirus-live-animals-are-stressed-in-wet-markets-and-stressed-animals-are-more-likely-to-carry-diseases-135479.

RCS. RCS Regenerative Grazing Principles. Resource Consulting Services, Australia. Disponible sur https://www.rcsaustralia.com.au/rcs-regenerative-grazing-principles/.

Scottish Government. 2020. Assessing the Vitability and Sustainability of Mobile Abattoirs in Scotland. Agriculture, Environment and Marine, Scottish Government. Disponible sur https://www.gov.scot/publications/assessing-viability-sustainability-mobile-abattoirs-scotland/.

Teague, R. & Kreuter, U. 2020. Managing Grazing to Restore Soil Health, Ecosystem Function, and Ecosystem Services. *Front. Sustain. Food Syst.* 4:534187. Disponible sur https://www.frontiersin.org/articles/10.3389/fsufs.2020.534187/full.

WHO, FAO and OIE. 2019. Taking a Multisectoral, « One Health » Approach : A Tripartite Guide to Addressing Zoonotic Diseases in Countries. World Health Organization (WHO), Food and Agriculture Organization of the United Nations (FAO) et World Organisation for Animal Health (OIE). Disponible sur https://www.oie.int/app/uploads/2021/03/en-tripartitezoonosesguide-webversion.pdf.

L'agriculture, déterminante d'une bonne santé humaine

Dr Serge Breysse, Médecin, directeur général de l'ONG Solthis.

Domitille Luyt, Interne en santé publique, Assistance publique des Hôpitaux de Paris.

Les déterminants de l'état de santé des populations sont multiples et interdépendants. Ils incluent les modes de production et de consommation, les systèmes alimentaires et les pratiques agricoles. Ces dernières jouent donc un rôle important pour maintenir l'équilibre naturel pour la santé des individus et préserver l'environnement.

Nourrir en quantité et en qualité

Le premier enjeu d'une production agricole est de permettre l'accès à une alimentation adéquate en quantité et en qualité pour tous, apportant toutes les composantes nécessaires à une bonne santé (vitamines, minéraux). En près de soixante-dix ans, la France est devenue l'une des principales puissances agricoles au monde avec un volume de production totale ayant doublé[1]. La modernisation de l'agriculture a non seulement éloigné le spectre des famines sur le continent européen – où la France est le premier pays producteur –, mais a aussi permis l'exportation pour répondre aux besoins d'autres pays. Ce modèle est en évolution pour répondre aux enjeux de santé et environnementaux actuels, avec le développement de l'agroécologie et de la filière « bio » permettant l'amélioration de la qualité des produits et des pratiques durables.

La France dispose d'un ensemble de contrôles et de dispositifs réglementaires qui garantissent la sécurité sanitaire des aliments[2]. Parmi ces dispositifs, un système d'étiquetage, initié en 2016, améliore l'information nutritionnelle et aide les consommateurs à choisir des aliments de meilleure qualité nutritionnelle : c'est l'étiquette Nutri-Score[3]. On estime son impact par une diminution du nombre de pathologies et de décès attribuables à des maladies non transmissibles (évaluée à 3,4 %[4]).

Au-delà de la situation en France et en Europe, plus d'un quart de la population mondiale (2 milliards de personnes) n'a pas un accès régulier à une alimentation adaptée[5].

1. http://sg-proxy02.maaf.ate.info/IMG/pdf/AGRIFRA07c-2.pdf
2. https://www.who.int/fr/news-room/fact-sheets/detail/food-safety
3. Loi du 26 janvier 2016 dite « de modernisation de la santé française ».
4. https://www.inrae.fr/actualites/infographie-logo-nutritionnel-levier-qualite-achats
5. The state of food security and nutrition in the world 2020 (fao.org).

La production agricole mondiale doit donc permettre de nourrir l'ensemble de la population, pour éviter le « double fardeau » de la malnutrition – sous-nutrition et obésité qui touchent en premier les plus pauvres partout dans le monde.

La sous-nutrition, liée à des déficits d'apports nutritionnels, est responsable de retards de croissance chez un enfant sur cinq, avec des conséquences à long terme sur le développement cognitif et moteur. Elle est aussi, dans sa forme aiguë, une maladie négligée – la malnutrition aiguë sévère –, atteignant 50 millions d'enfants et provoquant 2 millions de décès annuels. Elle entraîne l'apparition d'autres maladies par la perte des défenses immunitaires, engendrant un cercle vicieux, car ces maladies impactent à leur tour la capacité des enfants à se nourrir correctement.

L'obésité touche 13 % de la population mondiale (et 40 % de cette population est en surpoids) ; elle a été multipliée par 3 depuis 1975[1]. Elle s'accompagne de pathologies chroniques telles que le diabète, le cholestérol, entraînant des maladies cardiovasculaires qui réduisent l'espérance de vie. Les déséquilibres nutritionnels sont devenus, en France, le premier facteur responsable de risque de perte de vie devant le tabac et l'alcool du fait de ces multiples conséquences[2].

Les agriculteurs, les premiers à souffrir de malnutrition dans le monde

Les pratiques agricoles au sens large, incluant le commerce, doivent donc permettre de nourrir toute la population – dont les producteurs – de manière équitable. Les conditions de travail, les pratiques d'accaparement massif des terres et de monocultures pour l'exportation ou d'autres filières que la filière alimentaire entraînent des situations paradoxales de précarité humaine dans les zones à forte activité agricole. Ce phénomène, connu en France, est mondial : 80 % des personnes les plus pauvres dans le monde sont des agriculteurs[3].

1. Principaux repères sur l'obésité et le surpoids (who.int).
2. https://www.santepubliquefrance.fr/determinants-de-sante/nutrition-et-activite-physique/documents/depliant-flyer/l-essentiel-des-recommandations-sur-l-alimentation http://www.healthdata.org/data-visualization/gbd-compare
3. https://documents1.worldbank.org/curated/en/187011475416542282/pdf/WPS7844.pdf

Produits phytosanitaires et santé humaine : l'importance des outils réglementaires

Si l'agriculture et les systèmes alimentaires doivent jouer leur rôle positif d'apport d'énergie et de nutriments nécessaires au développement et à la survie des populations, dans une approche de souveraineté alimentaire, les pratiques agricoles doivent aussi réduire les risques de toxicité ayant des effets directs sur les individus : effets néfastes des pesticides, perturbateurs endocriniens et développement de résistances antibiotiques, pour en citer certains.

Les pesticides, utilisés pour protéger les cultures, jouent un rôle important dans la production alimentaire, en permettant de préserver les rendements. Ce point est particulièrement important pour les pays confrontés à des pénuries alimentaires. Mais, selon l'INRAE[1], 75 % de la surface agricole mondiale présente un risque de pollution par les pesticides de synthèse. Les activités agricoles sont responsables de 28 % des émissions françaises de particules, principalement sous la forme de composés azotés et de pesticides, qui sont à l'origine ou aggravent des pathologies comme les maladies respiratoires et cardiovasculaires.

L'association entre pesticides et risque de cancers reste difficile à documenter, mais de fortes suspicions existent sur le rôle des pesticides dans le développement de pathologies chroniques (cancers, troubles neurologiques, troubles de la reproduction), notamment dans le cadre des expositions professionnelles, qui concerneraient entre 1 et 2 millions de personnes en France (source : Inca 2015[2]).

La cohorte Agrican[3], mise en place en 2005, qui suit 180 000 agriculteurs, semble confirmer ces liens entre pesticides et certains cancers. En effet, certains types de cancers sont retrouvés de façon plus fréquente chez les exploitants agricoles (mélanome, myélome multiple, cancer du poumon).

Néanmoins, aucun des pesticides dont l'utilisation sur les aliments est autorisée dans le cadre du commerce international à ce jour n'est génotoxique ; les effets

1. https://www.inrae.fr/agroecologie/cultiver-proteger-sans-pesticides/utilisation-risques-toxicite-pharmacovigilance
2. https://www.e-cancer.fr/Professionnels-de-sante/Facteurs-de-risque-et-de-protection/Environnement/Pesticides
3. https://www.agrican.fr/

préjudiciables de ces pesticides ne s'exercent qu'au-dessus d'un certain niveau d'exposition.

Un enjeu sanitaire tout aussi important repose sur les perturbateurs endocriniens[1] que l'on retrouve notamment dans des produits de traitement des cultures agricoles. Certains pesticides, les organochlorés, sont reconnus comme étant des perturbateurs endocriniens du fait de leur mode de toxicité chez l'homme (atteinte de la fonction endocrinienne). Ils sont présents dans l'environnement par contamination des différents milieux (eaux, sédiments, sols, air, etc.). Impactant la faune (changement de sexe dans certaines populations de poissons, troubles du développement, etc.) et les écosystèmes, ils participent à l'érosion de la biodiversité et portent atteinte à la santé humaine[2, 3, 4].

L'exemple que nous pouvons citer d'une controverse majeure de l'utilisation d'un perturbateur endocrinien ayant des effets néfastes à long terme est celui de la chlordécone aux Antilles[5], anciennement utilisée pour lutter de façon très efficace contre le charançon du bananier. Ses risques sanitaires n'ont été découverts que plus tard. Parmi eux ont été reconnus : le risque de prématurité lors d'une exposition maternelle, une altération du développement psychomoteur des enfants pour des expositions prénatale et postnatale *via* la consommation de denrées alimentaires contaminées ; et un impact sur l'axe thyroïdien avec l'augmentation de la TSH chez les nourrissons.

Face à ces risques, la France se dote d'un arsenal légal adapté. La réglementation des contaminants physicochimiques permet de limiter leur présence à tout niveau de la chaîne alimentaire, de la fourche à la fourchette, en vertu du principe ALARA qui préside à la fixation des teneurs maximales. Il existe une réglementation pour les denrées alimentaires (c'est-à-dire destinées à

1. Stratégie nationale sur les perturbateurs endocriniens | Ministère de la Transition écologique (ecologie.gouv.fr).
2. https://www.santepubliquefrance.fr/recherche/#search=perturbateurs endocriniens
3. Le Moal J., Rigou A., De Crouy-Chanel P., Goria S., Rolland M., Wagner V., *et al.*, « Analyse combinée des quatre indicateurs du syndrome de dysgénésie testiculaire en France, dans le contexte de l'exposition aux perturbateurs endocriniens : cryptorchidies, hypospadias, cancer du testicule et qualité du sperme », *Bull. Épidémiol. Hebd.* 2018 ; (22-23):452-463.
4. https://www.academie-medecine.fr/11-12-perturbateurs-endocriniens-pes-et-cancers-analyse-des-risques-et-des-mecanismes-propositions-pratiques/
5. Multigner L., Rouget F., Costet N., Monfort C., Blanchet P., Kadhel P., *et al.*, « Chlordécone : un perturbateur endocrinien emblématique affectant les Antilles françaises », *Bull. Épidémiol. Hebd.* 2018 ; (22-23):480-485.

l'homme) complétée par des dispositions réglementaires pour les aliments pour animaux[1, 2].

Les risques démultipliés des zoonoses

Comme cela a été également décrit dans le chapitre 1 (voir p. 62), la pandémie de la Covid-19 a fait connaître au grand public l'importance des maladies infectieuses des animaux transmissibles à l'être humain : les zoonoses. Aujourd'hui, sur les cinq nouvelles maladies humaines qui apparaissent chaque année en moyenne, trois sont d'origine animale[3]. La réduction des espaces « primaires » et l'augmentation de l'interface entre les humains et les animaux – parfois liée à l'extension des terres cultivées et des modes d'élevage – ont démultiplié le risque d'émergence des zoonoses et leur contagiosité pandémique, comme celle du SRAS ou d'Ebola. Un rapport du Programme des Nations unies pour l'environnement[4] (2016) souligne que l'émergence et la réémergence des zoonoses sont étroitement liées à la santé des écosystèmes. Les agents pathogènes présents dans les réservoirs de la faune sauvage se propagent ainsi au bétail et aux humains (voir p. 69). Les bonnes pratiques agricoles permettent le maintien de l'équilibre de ces écosystèmes entre autres par l'agroécologie.

« One Health », une nouvelle approche

Des liens moins directs sont importants à mentionner – incluant l'impact à long terme des pratiques agricoles sur l'environnement et les ressources vitales comme l'eau –, ayant eux-mêmes des effets directs sur notre santé. Cercle vicieux là aussi, le changement climatique impactant directement la capacité en production alimentaire du fait des épisodes climatiques extrêmes et de la désertification.

1. https://agriculture.gouv.fr/securite-sanitaire-contaminants-physico-chimiques-des-aliments
2. https://agriculture.gouv.fr/securite-sanitaire-contaminants-physico-chimiques-des-aliments
3. Données OMS, FAO et OIE.
4. Emerging zoonotic diseases and links to ecosystem health – UNEP Frontiers 2016 chapter | UNEP - UN Environment Programme.

La santé est bien plus que l'absence de maladie : elle repose sur l'équilibre du vivant. Et impose un changement profond de nos modes de production et de consommation (voir p. 92).

Dans ce contexte, l'approche « One Health » permet de faire face à ces défis tout en répondant à l'urgence climatique et aux objectifs de développement durable (objectifs 2, 3 et 15[1]). La santé humaine étant conditionnée par celle du vivant auquel elle est liée, l'approche « Une seule santé » passe par une implication et une entente de tous les acteurs pour construire des solutions durables : agriculteurs, professionnels de la santé humaine et animale. Dans une approche concertée qui garde la nature au centre de nos préoccupations pour favoriser l'épanouissement et le bien-être des individus.

1. Les Objectifs de développement durable (un.org).

BUSINESS
LOADING 100%
NETWORK SEARCH
-VIDEO
-MUSIC
-FILMS
-SEARCH
-CONTACTS
-MESSAGES
-ASIA
-AFRICA
CINEMA
WORLD NEWS

S’ENGAGER POUR LA SANTÉ DU VIVANT

Scénarios prospectifs

En près de deux cents ans, l'augmentation de nos activités humaines s'est traduite par une exploitation de plus en plus intensive des ressources naturelles, considérées comme illimitées. En 2021, nous extrayons 60 milliards de tonnes de ressources renouvelables et non renouvelables, deux fois plus qu'en 1980[1]. Nous nous sommes emparés de la nature, et, paradoxalement, nous nous sommes dissociés des éléments dont notre vie dépend.

Imaginons une prospective positive et optimiste à échéance d'une quinzaine d'années. Dans ce scénario, 80 % des maladies cardiovasculaires, 90 % des diabètes, 60 % de l'ensemble des cancers auront disparu ; les maladies humaines liées à des zoonoses auront diminué de 50 % ; un fruit – banane, pêche, orange – suffira à pourvoir aux apports journaliers recommandés (AJR) en vitamine A ; le continuum des chaînes alimentaires des hommes et des autres espèces sera retrouvé. Toutes les surfaces agricoles sur l'ensemble de la planète bénéficieront d'un couvert végétal permanent ; les émissions de gaz à effet de serre auront été réduites de 50 % dans le monde. Le danger d'extinction qui frappait jusqu'en 2020 un quart de la population mondiale des vertébrés, invertébrés et plantes aura cessé. La pêche responsable sera devenue une pratique majoritaire. En France, le nombre d'agriculteurs sera repassé au-dessus de 500 000, dont 30 % auront moins de 40 ans. L'utilisation des ressources en eau douce par le secteur agricole ne représentera plus qu'un tiers des ressources mondiales contre les trois quarts aujourd'hui.

Comment l'agriculture, avec le support de l'ensemble de la société, aura-t-elle pu rendre possible ce scénario ? Quels changements de perspective auront permis ces transformations ?

Le changement de perspective de la nature, en régénérant plutôt qu'en extrayant. La terre, appauvrie par des années d'usage et d'extraction, sera à

1. Chiffres IPBES, rapport 2019.

nouveau riche et nourricière ; l'utilisation d'intrants sera devenue marginale, l'autofertilisation une norme. L'énergie de la photosynthèse sera désormais clé pour se nourrir, protéger les sols et s'inscrire dans tous nos modes de vie (mobilité, information). La réutilisation des ressources sera devenue une obligation afin d'extraire le moins possible de nouvelles matières naturelles et stabiliser les écosystèmes existants.

Le changement de perspective de la valeur au-delà de la valeur économique. Une répartition économique plus juste de la valeur se sera opérée par un ajustement du prix tout au long de la chaîne de production jusqu'à l'utilisateur. Mais, au regard de la faiblesse des équilibres liée au partage de la valeur économique, les échanges et les priorités se sont ouverts sur d'autres éléments qui permettent de combler l'homme, comme les talents, comme les données demandant des compétences que l'on apprend, découvre, échange.

Le changement de perspective qui fait de l'alimentation notre première médecine. Le consommateur se définira par « je suis ce que je mange » et non par « ce que je consomme ». La nourriture et les aliments seront moins transformés, plus digestes. Chacun sera devenu « entrepreneur » de sa santé, dans une logique de prévention et d'anticipation. On ne jugera plus la santé par l'absence temporaire de maladies. La science et la médecine auront intégré les principes de Santé Unique pour proposer des solutions locales et territoriales adaptées à chaque environnement.

Le changement de perspective de la connaissance où l'information, le savoir et l'expérience seront au cœur du contrat social. Chaque individu, de l'enfance à la grande séniorité, aura conscience et connaissance de cette chaîne du vivant. Les nouvelles technologies et les supports médias auront cessé d'être les prescripteurs de notre vie. Ingénieurs, médecins, vétérinaires, agriculteurs seront passés d'un schéma vicieux (analyse de données – diagnostic – standardisation de la posologie) à un schéma vertueux (croisement d'expériences – risque associé) où l'homme retrouve son autonomie d'action, ses responsabilités en se préoccupant de la prévention.

Les textes qui suivent s'attachent dans ce sens à présenter différentes pistes qui, à leur échelle, concourent à la concrétisation à grande échelle de la Santé Unique.

Jean-Pierre Rennaud

Agricultures plurielles et ressources restaurées

Paul Luu, Secrétaire Exécutif de l'Initiative « 4 pour 1000 : les sols pour la sécurité alimentaire et le Climat », ingénieur général des Ponts, des Eaux et des Forêts spécialisé en agronomie tropicale, docteur en biologie des populations de l'Université de Montpellier.

Agriculture conventionnelle, raisonnée, biologique, régénérative, agroforesterie, pêche raisonnée, grandes cultures céréalières, viticulture, horticulture, maraîchage, permaculture, aquaponie, agriculture urbaine : chaque modèle agricole, chaque type de culture et d'élevage contribue, à son niveau, à l'objectif de santé, pris sous l'angle de l'apport nutritif et de la sécurité alimentaire. Mais ces pratiques doivent s'adapter pour répondre au défi de la santé des sols et de la Santé Unique. Au prisme de la biodiversité et de l'environnement, les pratiques agroécologiques, et particulièrement celles d'agroforesterie, semblent les plus aptes à concilier toutes les santés.

La mise en œuvre concrète de solutions de Santé Unique suppose de renouer avec la nature dans une démarche volontaire. En termes de biodiversité, elle implique la conservation et la protection des habitats naturels encore intacts ou peu touchés (forêts primaires, tourbières, permafrost, etc. ; voir p. 61). Elle nécessite également la restauration d'une partie des écosystèmes qui ont été artificialisés par l'homme (principalement la construction d'infrastructures, de parkings et de bâtiments, mais aussi de terres agricoles et forestières d'un intérêt productif limité). Le maintien, la protection et la restauration de la biodiversité supposent une évolution des modes de production agricoles, avec l'adoption progressive et réussie de pratiques agroécologiques sur l'ensemble de la planète, à travers l'application d'un maximum de ses treize principes rappelés par le Groupe d'experts de haut niveau du Comité de la sécurité alimentaire[1].

Au « point de départ » de l'évolution souhaitée se trouve l'agriculture conventionnelle, forte utilisatrice d'intrants minéraux et issus de la chimie : elle assure les besoins alimentaires de l'humanité, mais ses impacts sur la biodiversité et les sols sont particulièrement négatifs pour l'environnement.

Au « point d'arrivée » de cette évolution des pratiques agroécologiques, le point d'orgue serait symbolisé par les écosystèmes naturels forestiers, source d'inspiration (*nature-based solutions*) représentant un optimum en termes de stockage de carbone dans les sols et au-dessus.

1. Voir http://www.fao.org/3/ca5602en/ca5602en.pdf (en anglais) et http://www.ipes-food.org/_img/upload/files/sfsFRhq.pdf (en français).

Entre ces deux points coexistent différents modes d'agriculture prenant en compte, à des niveaux divers, les questions environnementales et climatiques.

Les différentes formes d'agriculture, qu'elles soient climato-intelligente, de précision, de conservation, biologique, biodynamique, régénérative (y compris la permaculture et le pâturage dynamique tournant) ou agroforestière, ne sont pas, prises séparément, à 100 % satisfaisantes, mais elles représentent chacune une évolution positive et sont source de progrès.

Certaines peuvent constituer une étape sur le chemin de l'agriculture « optimale ». Ainsi, il semblerait intéressant de faire évoluer nos systèmes agraires en agriculture conventionnelle vers l'agriculture de conservation pour améliorer la santé des sols tout en gardant des rendements proches du conventionnel, puis d'évoluer éventuellement vers d'autres formes d'agriculture plus régénérative. Ce dont il est question ici, c'est d'une éco-intensification, c'est-à-dire un accroissement de l'efficience de l'usage des ressources par une réduction des pertes, le recyclage des sous-produits de l'agriculture, et le fait de produire plus avec moins : moins de terre, moins d'eau, moins d'énergie, et par voie de conséquence moins d'émissions de GES.

L'agroécologie doit ainsi être vue comme un continuum de plusieurs types d'agriculture avec différentes évolutions possibles. L'idéal serait d'avoir, à travers le monde, les modes d'agriculture les plus adaptés à chaque condition agro-pédo-climatique pour stocker un maximum de carbone et préserver la biodiversité, ainsi qu'aux conditions socioéconomiques des agriculteurs pour améliorer la sécurité alimentaire des populations qui en dépendent.

Pour les grandes cultures (ou de plein champ) de type blé, riz, orge, maïs, soja, etc., le passage à l'agriculture de conservation des sols (ou à une agroforesterie de type « cultures en allées ») serait une solution adaptée. Ce type d'agriculture propose une augmentation du stockage du carbone dans les sols, une réduction drastique d'intrants chimiques, avec un effet positif pour la biodiversité et l'environnement, en particulier la qualité de l'eau. Elle offre aux agriculteurs de meilleurs revenus et conditions de travail.

Pour les cultures de fruits et légumes (horticulture, viticulture, maraîchage, etc.), les modes de production biologique, biodynamique et régénérative semblent bien adaptés. Il en va de même pour les petits élevages (petits ruminants, volailles, porcins, etc.). Le pâturage dynamique tournant, aussi bien pour la production de lait que de viande, serait adapté à l'élevage des grands ruminants. Enfin, l'agroforesterie multistrate pourrait s'appliquer à des situations diverses (fruitiers, plantes à épices, aromatiques, ou de type café, cacao et thé, sylvopâturage, etc.) dans diverses régions du monde.

> « La pratique d'un seul modèle d'agriculture n'est pas économiquement viable ni adaptable à l'ensemble de la planète et à tous les systèmes de production. De la même façon qu'on parle de "diversité biologique", on doit parler de "diversité agricole". »

Le mode de production agricole qui présente le meilleur potentiel est celui de l'agriculture régénératrice ou régénérative. L'agriculture régénératrice[1] peut se définir comme un système de principes et de pratiques agricoles visant à réhabiliter et à améliorer l'ensemble de l'écosystème de l'exploitation du point de vue de la durabilité, y compris l'amélioration de la santé humaine et de la prospérité économique. Elle accorde une grande importance à la santé du sol et améliore les ressources (sol, eau, air, biodiversité, etc.) qu'elle utilise. Cette agriculture, qui s'inspire de l'éco-innovation et des savoir-faire traditionnels, est alimentée par des énergies non fossiles. Elle s'appuie sur une économie circulaire et des infrastructures vertes, et est soutenue par la recarbonisation de la biosphère terrestre en tant que fondement du développement durable. Elle est basée sur la « loi du retour » stipulant que *« les substances que nous prenons dans la nature doivent être retournées sur le lieu où elles ont été prélevées »*, selon les mots de Sir Albert Howard (voir p. 28).

L'agriculture régénératrice, qui se fait sans labour, propose un couvert végétal continu, la gestion intégrée de la fertilité organique du sol, des rotations complexes avec des cultures de couverture, la restauration du carbone et de la vie dans le sol (biomasse). Elle permet une intégration des cultures, de l'élevage et de la foresterie et l'implication dans la vie sociale du territoire.

Cependant, la pratique d'un seul modèle d'agriculture n'est pas économiquement viable ni adaptable à l'ensemble de la planète et à tous les systèmes de

1. Extrait de la définition proposée par le Comité scientifique et technique de l'initiative « 4 pour 1000 », fondée sur la biographie scientifique disponible.

production. De la même façon qu'on parle de « diversité biologique », on doit parler de « diversité agricole ».

Les agriculteurs sont aujourd'hui soumis à la pression de nombreux acteurs de la société civile, des scientifiques, des décideurs, des industries agroalimentaires, en lien avec les attentes des consommateurs et des citoyens de façon générale. Chaque agriculteur reste le seul maître de ses choix en termes de pratiques. Rien ne doit lui être imposé, sous peine d'une mauvaise appropriation des pratiques conduisant à l'échec. Il apparaît donc vital de faire évoluer leur perception et leur comportement en les sensibilisant aux enjeux environnementaux, notamment au stockage du carbone dans les sols, tout en déterminant avec eux leurs besoins, que ce soit en informations, en conseils techniques ou en accompagnements financiers.

L'initiative « 4 pour 1000 » a ainsi été développée pour favoriser l'émergence de l'environnement technique et scientifique permettant aux agriculteurs de faire leurs propres choix, choix qui doivent en priorité leur assurer un revenu décent sans dégrader leur environnement naturel. Il s'agit notamment d'aider à construire des bases de données sur les bonnes pratiques agricoles dans toutes les zones agro-pédo-climatiques et circonstances socioéconomiques. À cet égard, il est important de proposer des solutions différentes en fonction des systèmes de production, en expliquant les évolutions induites en termes de charge de travail, d'immobilisation (équipements) et de résultats économiques (charges, revenus).

Le déploiement de ces agricultures plurielles doit relever le paradoxe de la diversité en collaboration avec l'ensemble des acteurs des filières agricoles tout en s'orientant vers des pratiques communes de régénération des sols et des écosystèmes. Par ce fait, le rôle de l'agriculture dépasse la simple sécurisation des pratiques de vie d'aujourd'hui mais contribue très largement à la prévention des pratiques de vie de demain.

Les pratiques agricoles

➢ **Agriculture conventionnelle intensive / extensive :** l'agriculture intensive est une méthode agricole qui utilise des intrants plus importants et des techniques avancées pour augmenter le rendement global. En revanche, l'agriculture extensive est celle dans laquelle de plus en plus de terres sont mises en culture pour augmenter le rendement produit.

➢ **Agriculture biologique :** l'agriculture biologique constitue un mode de production qui trouve son originalité dans le recours à des pratiques culturales et d'élevage soucieuses du respect des équilibres naturels. Ainsi, elle exclut l'usage des produits chimiques de synthèse et des OGM, et limite l'emploi d'intrants.

➢ **Sylviculture (Office national des forêts) :** ensemble des techniques permettant la création et l'exploitation rationnelle des forêts tout en assurant leur conservation et leur régénération.

➢ **Élevage raisonné / biologique :** l'élevage raisonné est une technique d'élevage qui passe par la maîtrise d'un certain nombre de points clés permettant de respecter le potentiel de production de chaque animal tout en prenant en compte le contexte environnemental de l'exploitation agricole. Quant à l'élevage biologique, il s'agit d'un mode de production des viandes respectueux de l'environnement. Les principes sont simples : à travers un cahier des charges précis, les éleveurs s'engagent à respecter les équilibres naturels, c'est-à-dire l'harmonie entre les sols, les végétaux et les animaux.

➢ **Agroécologie :** Ensemble de systèmes de production qui s'appuient sur les capacités et propriétés des écosystèmes. Elle les amplifie tout en visant à diminuer les pressions sur l'environnement (exemples : réduire les émissions de gaz à effet de serre, limiter le recours aux produits phytosanitaires) et à préserver les ressources naturelles. Il s'agit d'utiliser au maximum la nature comme facteur de production en maintenant ses capacités de renouvellement.

➢ **Agroforesterie :** elle désigne les pratiques, nouvelles ou plus anciennes, associant arbres, cultures et/ou animaux sur une même parcelle agricole, en bordure ou en plein champ. Ces pratiques comprennent des systèmes agro-sylvicoles, mais aussi sylvopastoraux, les pré-vergers (animaux pâturant sous les vergers de fruitiers).

- **Agriculture régénératrice :** elle désigne un ensemble de pratiques agricoles ayant pour objectif la protection des sols, le bien-être animal et l'accompagnement des agriculteurs. Elle englobe aussi bien l'agriculture conventionnelle que l'agriculture biologique.
- **Agriculture de conservation :** elle exige une planification rigoureuse de la rotation des cultures, de nouvelles stratégies de lutte contre les mauvaises herbes et les ravageurs, ainsi que tout le savoir-faire que requiert une agriculture de « précision ».
- **Pêche conventionnelle / biologique :** en conventionnel, la pêche subit beaucoup de traitements pesticides et demande déjà une lourde charge de travail. En biologique, aucun recours aux pesticides, mais encore plus de temps de travail est nécessaire, notamment pour prévenir les maladies. La culture de la pêche biologique est exigeante, d'autant qu'il n'existe aujourd'hui que peu de variétés spécifiques à la biologique et permettant de résister aux parasites, tout en étant suffisamment appétissantes pour satisfaire les exigences des consommateurs.
- **Aquaculture :** ensemble des activités de culture de plantes et d'élevage d'animaux en eaux continentales ou marines en vue d'en améliorer la production, impliquant la possession individuelle ou juridique du stock en élevage. Elle regroupe la pisciculture (élevage de poissons), la conchyliculture (élevage de coquillages marins : huîtres, moules, praires, coques, etc.), l'algoculture (culture d'algues) et la carcinoculture (élevage de crustacés, essentiellement crevettes et écrevisses).

Sources : Chambres d'agriculture France, FAO, INSEE, INRAE, Ministère de l'Agriculture et de l'Alimentation, Office national des forêts

Une chaîne de valeur plus juste et ancrée dans les territoires

Dialogue croisé avec deux producteurs : **Anne-Cécile Suzanne**, agricultrice en polyculture et éleveuse de bovins sur une ferme de 190 hectares, et **Olivier Coupery**, agriculteur en agriculture de conservation des sols sur une ferme de 130 hectares, éleveur de chevaux, cofondateur du collectif « ici la Terre ».

En moyenne, un agriculteur français se verse un revenu mensuel de 1390 euros[1]. Mais cette moyenne cache de fortes disparités entre les filières. En 2017, 20 % des agriculteurs français avaient déclaré un revenu nul, voire déficitaire. Quels sont les leviers pour rendre la chaîne de valeur plus juste ? Comment les agriculteurs imaginent-ils leurs conditions de travail et de rémunération afin de produire une agriculture durable intégrée à l'approche « One Health » ?

Comment faire du consommateur un acteur de sa santé et de la santé de l'agriculture ?

Olivier Coupery : Notre futur passe avant tout par une véritable reconnaissance sociale. Pour moi, cela voudra dire que les « trois agricultures », comme je les appelle – réelle pour l'agriculteur, imaginée et rêvée par le consommateur et défiée par certaines ONG –, sont désormais réunies.

Dans la conscience collective, le « paysan » ne sera plus considéré comme un pollueur-empoisonneur, son métier dans un monde « à part » est inconnu : il sera compris et aidé grâce aux actions de sensibilisation menées par les collectifs « ici la Terre[2] », « Campacity[3] » ou d'autres initiatives d'« agri-communicants » au sens large. Les conflits riverains/fermes auront cessé.

Ces actions auront multiplié les occasions de tisser les liens entre consommateurs-citoyens et producteurs, avec la fierté d'appartenir à un même territoire.

Anne-Cécile Suzanne : Dans ce scénario optimal, les éleveurs se seront réapproprié la chaîne qui va de la production à la consommation. Au-delà de la vente directe à la ferme ou au marché, qui sera restée sur un modèle quasiment identique à celui d'aujourd'hui, les éleveurs auront « repris » le pouvoir, grâce à la création d'organisations de producteurs à l'échelle de territoires, sur le modèle de ce qui s'est passé dans le vin : les producteurs y ont souvent quitté en partie leurs grosses coopératives de producteurs pour dégager davantage de valeur *via* la création d'appellations de petite taille (Saint-Nicolas-de-Bourgueil, par exemple). Côté grandes cultures, les petites filières se seront fortement développées, notamment sur le thème environnemental (agriculture bas carbone, bas

1. Insee, novembre 2019, https://www.insee.fr/fr/statistiques/4246305#consulter
2. https://collectif-icilaterre.fr/
3. https://campacity.fr/

phyto). Au risque d'une complexité sans doute, mais dans l'objectif d'une sécurisation du revenu dans un marché de matières premières céréalières très instable. La quête de valeur, et de sécurisation de cette valeur, est le grand combat à gagner pour les agriculteurs dans les années à venir.

Olivier Coupery : Ce modèle de coopérative à l'échelle territoriale est économiquement réplicable dans d'autres filières que le vin. Des réseaux de petites coopératives territoriales et de magasins communs locaux, « magasins de ferme », se seront installés dans les villes, banlieues, villages. Ce qui ne signifie pas qu'il n'y aura plus de grandes coops ni de distributeurs classiques qui opèrent aux échelles nationale et internationale, comme aujourd'hui, mais que les cartes auront été rebattues, et les modes de commercialisation diversifiés.

Dans ce schéma, les producteurs disposeront non seulement de revenus à la hauteur de leur travail, mais aussi des avantages sociaux que chaque « travailleur » est en droit d'attendre dans un pays solidaire : retraite, sécurité sociale (avec l'assurance de pouvoir être remplacés en cas de maladie, par exemple). Cela rendra la vie des familles en milieu agricole plus attirante.

Le consommateur-citoyen doit jouer une place centrale pour l'avenir de l'agriculture et faire que l'agriculture puisse continuer à être un véritable levier de la Santé Unique. Il doit passer de l'intention d'achat de produits de qualité sourcés à un véritable acte d'achat – et ne pas seulement centrer son alimentation sur le bio, qui ne représente qu'une partie de l'agriculture durable : il faut savoir que beaucoup d'agriculteurs ont des pratiques raisonnées ou d'agroécologie, qui ne bénéficient pas encore d'une labellisation reconnue, mais dont les productions n'utilisent pas ou très peu de produits phytosanitaires. Alors que l'agriculture biologique, qui n'a pas les mêmes standards selon les pays hors de l'Union européenne, utilise elle-même des intrants – comme le cuivre[1] – qui ne sont pas optimums pour les sols.

Aujourd'hui, pour que la Santé Unique soit comprise et intégrée par tous et qu'elle existe vraiment dans les pratiques dans dix ans, les consommateurs doivent avoir conscience que leur pouvoir d'achat, leur budget, est aussi un pouvoir citoyen et un acte de santé. Nous avons le même raisonnement que Guillaume Gomez (voir p. 116) : réapprendre à bien manger, c'est aussi soutenir les agriculteurs dans leur travail pour la santé du vivant.

1. https://agriculture.gouv.fr/questions-reponses-lutilisation-du-cuivre-en-agriculture

La transparence dans la chaîne de valeur

Lancée en février 2021, l'entreprise Omie & Cie propose des produits d'épicerie bons, sains et accessibles, dont la vente rémunère les producteurs et fabricants justement. Omie & Cie soutient une agriculture régénérative qui respecte les sols et leurs cycles de vie et nourrit la biodiversité. La transparence est au cœur du modèle développé par l'entreprise : pour chaque produit, la marque précise qui gagne quoi au centime près, quelles sont les pratiques agricoles mises en place, et elle renseigne avec précision les enjeux liés à la filière concernée. La transparence sur les prix permet de « redonner » conscience aux consommateurs de ce qu'il y a derrière un produit. Grâce à l'exposé de cette décomposition des prix, les acheteurs sont prêts à mettre quelques dizaines de centimes de plus, par exemple dans un paquet de farine issue d'un blé produit de manière durable.

Pour s'assurer de pratiquer des prix rémunérateurs qui couvrent les coûts de production et permettent de dégager un revenu aux agriculteur.rice.s, ceux-ci sont fixés en concertation avec eux, en déterminant leurs coûts de revient, ce qui implique une forte responsabilisation de leur côté. Par exemple, pour le lait et la crème, Omie travaille avec l'initiative « En Direct Des Éleveurs », un collectif qui réunit 30 éleveurs qui exploitent leur propre laiterie. Grâce aux prix pratiqués, chaque éleveur du collectif obtient au minimum un salaire net de 1700 €/mois, certifié par un cabinet indépendant qui analyse les comptabilités annuelles de chaque éleveur, soit 3 à 4 fois plus que la moyenne du milieu.

Autre exemple, Omie & Cie travaille avec l'association Bio en Hauts-de-France, à l'initiative d'un projet qui emploie 10 agriculteurs des Hauts-de-France pour créer une filière courte de betterave sucrière biologique française. Omie & Cie est engagée au sein du comité de pilotage de Bio en Hauts-de-France, qui valorisera la production de ces agriculteurs pionniers, en transformant localement la betterave bio, au lieu de l'envoyer en Allemagne, comme c'est encore le cas (il n'existe pas encore de micro-sucrerie en France). Le prix du sucre en poudre provenant de cette filière n'a pas encore été décidé, mais il prendra en compte la structure de coût de la filière tout en restant accessible pour le consommateur, comme tous les produits de la marque.

Omie collabore aujourd'hui avec plus de 70 acteurs de l'alimentation, producteurs et fabricants, chacun jouant le jeu de la transparence, chacun engagé dans une démarche d'amélioration continue. Implantée à Montreuil, la société commercialise ses produits en ligne et livre dans toute la France.

Joséphine Bournonville

Comment recréer des liens territoriaux et assurer un renouvellement des générations durables ?

Olivier Coupery : On peut imaginer que l'accès au foncier bénéficie d'un système solidaire, coopératif, pour que les exploitations restent « à taille humaine », cultivées par des hommes et des femmes qui en sont locataires ou propriétaires, et non par des entreprises agricoles ou des multinationales (grande distribution, puissances étrangères) qui tendent à transformer le modèle agricole en industrie. On sait que les exploitations à taille humaine sont plus appropriées que les grandes exploitations pour préserver la biodiversité, les sols et l'environnement.

Les projets alimentaires territoriaux vont dans le sens du bien commun, d'une approche intégrée qui peut lier l'approche Santé Unique : nous devrons impliquer plus souvent l'ensemble des acteurs – consommateurs, producteurs, transformateurs, distributeurs – en ouvrant des lieux d'échanges, au plus près des territoires pour pouvoir structurer des projets communs.

On peut aussi penser à une économie de territoire plus solidaire. Par exemple, avec la création d'un « crédit coopératif et solidaire » pour rémunérer à l'avance les producteurs (de la même façon que certains achètent du vin sur pied à l'avance), on peut imaginer que des consommateurs payent à l'avance une part de bœuf, un volume d'œufs, un quota de poisson, des kilos de farine.

Anne-Cécile Suzanne : Une partie de la transformation et de la valorisation de la production agricole française a été déplacée à l'étranger. Par exemple, dans l'est de la France, il n'y a pas assez d'abattoirs. Du coup, on envoie le bétail en Allemagne. L'engraissement des jeunes bovins est délégué à l'Italie. Nous n'avons pas assez de meuneries non plus. Il est indispensable, si l'on veut regagner de la valeur, de préserver ou de créer des structures de valorisation des matières premières agricoles (céréales, viande) au plus près des exploitations. Ce qui évitera aussi des déplacements inutiles et parfois incohérents de produits alimentaires.

Pourra-t-on concilier agriculture durable et commerce mondial ?

Anne-Cécile Suzanne : Une agriculture durable, c'est une agriculture solidaire, qui nourrit toute l'humanité. Pour nous, agriculteurs, cela signifie qu'il nous faut continuer de produire plus car la population mondiale augmente de façon très marquée, et cela n'a pas vocation à s'arrêter. Le Pakistan, par exemple, n'arrive plus à présent à nourrir sa population grandissante et fait appel depuis trois ans au commerce mondial pour subvenir à ses besoins en blé. Vouloir diminuer en productivité, ce serait vouloir aussi affamer des parties du globe. Et ça, la stratégie européenne du Farm2Fork ne l'a vraiment pas compris, ce qui est une grave inconséquence quand on est décideur public.

Il faut également parvenir à dessiner un modèle d'agriculture écologique au niveau mondial, de façon réaliste. Cela implique de structurer un commerce international plus soutenable. L'équivalence des normes environnementales entre les États lors des échanges doit être érigée au même niveau d'importance que celle des normes sanitaires et sociales. À l'échelle même de l'Europe, il y a des disparités entre les pays. La nouvelle Politique agricole commune n'a fait qu'accentuer ces disparités en renforçant la subsidiarité dans la mise en œuvre des objectifs communs européens et en diminuant les moyens alloués à l'agriculture européenne. Vouloir faire évoluer le modèle par des normes tout en opérant des restrictions budgétaires, c'est aller droit dans le mur. Édicter des normes ne suffit pas. Il faut contrôler mieux le respect de l'ensemble de ces normes, ce dernier point étant sans doute le frein le plus important au développement de véritables relations équilibrées dans les échanges alimentaires. Faute d'un véritable contrôle de nos importations au regard des normes que nous imposons, nous ne serons pas à l'abri de scandales sanitaires, comme il a pu y en avoir avec la crise de la vache folle ou les lasagnes à la viande de cheval. Je suis assez inquiète de l'inefficacité des mesures de retrait/rappel des produits qui sont contaminés, le grand public n'accédant que très peu à ces informations[1]. Il reste tant de chemin à faire au niveau européen !

Olivier Coupery : N'oublions pas qu'il est difficile de tabler sur un développement en autarcie. Nous resterons dans un système commercial globalisé, où il nous faudra continuer de composer avec des tensions sur les prix des matières premières. Tout cela continuera de peser sur nos prévisions de revenus, si ce système économique global n'évolue pas.

C'est un sujet complexe, car il y a des disparités nettes entre les productions des territoires qui composent l'Europe : c'est un très fort sujet de débat au niveau européen.

1. https://www.economie.gouv.fr/dgccrf/sesame-psyllium-epices-et-autres-produits-rappeles-comprenant-ces-ingredients

Quels leviers pour restaurer la confiance ?

Anne-Cécile Suzanne : L'incertitude actuelle sur l'origine et la qualité des produits est aujourd'hui un élément de défiance des consommateurs vis-à-vis des agriculteurs, et de la chaîne alimentaire en général. Je pense que la meilleure manière de restaurer la confiance est d'informer le consommateur, en particulier sur l'origine et les conditions de production des produits. Sans tricherie. Ici, deux choix. Le premier est que les filières deviennent plus transparentes grâce à l'effort des industriels et à la mise en place d'un suivi des données certifié, de la ferme à la distribution. L'agriculteur sera alors un simple maillon de la chaîne et donner ces données deviendra progressivement un prérequis non rémunéré. Le second est que les agriculteurs s'approprient la chaîne amont-aval, transformant les industriels et la distribution en prestataires de services. Ils maîtriseront alors la donnée et son revenu.

Olivier Coupery : Le consommateur devra aussi être rassuré sur le bien-être animal. On sait qu'aujourd'hui les Français sont très sensibles aux conditions d'abattage. Nous devons pouvoir répondre à leurs inquiétudes en expliquant les règles éthiques, notamment que les animaux sont étourdis avant d'être abattus.

Le gaspillage alimentaire représente 30 % de la production à tous les niveaux de la chaîne alimentaire, du champ à l'assiette du consommateur. Sur quels leviers agir pour réduire ce gaspillage ? Comment la production d'énergie peut-elle être une solution durable pour améliorer les revenus ?

Anne-Cécile Suzanne : De mon point de vue d'éleveuse, cela suppose que tous les produits issus de l'abattage soient valorisés. Aujourd'hui, la plupart des consommateurs n'achètent que les parties « nobles » de l'animal. S'il veut être dans une logique durable, le consommateur devra réapprendre, comme cela se faisait il y a moins de cinquante ans, à cuisiner le pot-au-feu, le bourguignon. Là, l'industrie agroalimentaire et les unités de transformation doivent aussi accompagner ce mouvement.

Olivier Coupery : On peut aussi imaginer que la production d'énergie par la méthanisation[1] soit efficace, mais à condition qu'elle ne se fasse pas au détriment de la production à destination de l'alimentation animale ou humaine. On peut arriver à des excès aberrants, comme en Allemagne où certaines fermes laitières tirent davantage de revenus de la méthanisation que de la production de lait. Le

1. L'ADEME définit la méthanisation comme une technologie basée sur la dégradation par des micro-organismes de la matière organique, en conditions contrôlées et en l'absence d'oxygène. Cette dégradation produit un biogaz, source d'énergie (électricité, carburant).

traitement des déchets verts pourrait être un vrai complément de revenus pour les agriculteurs en gérant des unités de méthanisation sur leur exploitation et non pas sur des sites industriels. L'agriculture pourrait ainsi traiter une partie des déchets organiques urbains et périurbains, à condition que le coût de collecte et de transport ne soit pas un frein. Un travail autour des énergies renouvelables et durables économiquement et écologiquement efficaces est à étudier (notamment en installant plus de panneaux solaires sur les toits de nos bâtiments).

Anne-Cécile Suzanne : Le marché du crédit carbone est en pleine croissance, et, d'ici dix ans, on peut penser que le service environnemental rendu par les producteurs sera compris et surtout rémunéré à sa juste valeur.

L'agro-intelligence, l'intelligence artificielle pour analyser les données agricoles

Les données agricoles, et la capacité à en tirer des informations pertinentes pour les agriculteurs, sont un enjeu essentiel du concept « One Health ». C'est le cœur de métier d'ITK, dont les services basés sur la recherche agronomique ou sur l'intelligence artificielle (*Deep Learning*) permettent d'adresser la plupart de ses thématiques :

- réduction du recours à l'irrigation, aux engrais et pesticides, par ses plateformes Cropwin (grandes cultures) et Vintel (cultures pérennes) ;
- bien-être animal et détection précoce des troubles de la santé du bétail (service Farmlife) ;
- réduction des émissions agricoles de gaz à effet de serre (GES) par séquestration du carbone dans les sols.

Cette agro-intelligence permet une véritable révolution dans le développement de ces services. Par exemple, pour le suivi des troupeaux de bovins, le *Deep Learning* affine beaucoup l'interprétation des signaux des capteurs, en passant de l'identification de comportementaux forts et simples (agitation pendant la période des chaleurs) à des signaux beaucoup plus faibles et bruités (détection du vêlage). Grâce à ces nouvelles techniques, le capteur Axi, fixé sur un collier autour du cou de l'animal, peut ainsi assurer seul les services autrefois fournis par plusieurs capteurs spécialisés, et donner toutes les informations utiles à l'éleveur pour suivre la performance et le bien-être de ses animaux (temps passé debout et/ou couché, rumination et ingestion à l'auge ou au pâturage).

Philippe Stoop

Dans une perspective de dix ans, quelles pratiques agricoles aurez-vous adoptées ?

Olivier Coupery : J'ai fait le choix, il y a quatre ans, de passer du conventionnel à l'agriculture de conservation des sols, et je resterai convaincu d'avoir fait le bon choix. D'abord parce que c'est une pratique agricole bien adaptée à mon terrain. J'ai une plaine difficile à travailler car très humide l'hiver et trop sèche en été. L'agriculture de conservation améliore la porosité de mon sol en hiver et renforce la capacité des racines à puiser plus profondément de l'eau en été. Elle assure un couvert végétal quasi permanent, qui capte plus de carbone et a un effet bénéfique sur la vie biologique du sol. Ça permet de réduire l'infestation des mauvaises herbes et limite l'érosion. En maintenant mon choix de conservation des sols, je continuerai à contribuer à réduire l'impact de mes activités sur la biodiversité et à lutter contre les émissions de gaz à effet de serre. Cependant, si je veux encore plus limiter mon impact, et pour que ça fonctionne complètement de façon naturelle, il faudra que la recherche développe des produits de biocontrôle efficaces. Il faut rappeler qu'aujourd'hui nous avons besoin de produits phytosanitaires pour livrer à nos acheteurs des denrées alimentaires « saines et marchandes ». Notre dépendance aux intrants doit baisser, pour réduire le poids des charges autant que pour la santé de l'environnement, tout en gardant une production de qualité en quantité suffisante[1].

Anne-Cécile Suzanne : De mon côté, je suis persuadée que la force de mon fonctionnement repose sur la complémentarité entre élevage et cultures : amendement des sols par le fumier de mes animaux, nourriture de mes animaux avec les cultures, diversifiées, produites sur la ferme, ce qui est économiquement plus soutenable et environnementalement vertueux, puisque cela limite les transports et permet une rotation plus importante des cultures. C'est bon pour la biodiversité et pour les sols. Néanmoins, je ne crois pas que nous serons arrivés dans dix ans, ou dans vingt, à nous passer des produits phytosanitaires, ou de la fertilisation ammoniacale ou par urée. On aura, en revanche, diminué le recours à la chimie. L'une des pistes majeures de travail aujourd'hui

1. Voir cette étude de l'IDDRI : https://www.iddri.org/fr/publications-et-evenements/etude/une-europe-agroecologique-en-2050-une-agriculture

est la génétique, *via* le travail des races, des variétés et des cépages. Une autre piste est l'intelligence artificielle. Grâce aux caméras optiques, aux robots, notre agriculture est déjà plus productive et plus intelligente, respectueuse des hommes et de l'environnement.

Ce qu'il est vraiment important de retenir, c'est qu'il n'existe pas de solution miracle en agriculture, mais uniquement un panel de solutions qui sont intéressantes par leur complémentarité. Par exemple, mes parcelles sont entourées de haies pour ménager la biodiversité et les cours d'eau, mais cela n'est pas toujours facile, car des nuisibles peuvent s'y développer (les méligèthes notamment, ou encore les sangliers) et s'en prendre aux jardins des riverains de nos exploitations !

Olivier Coupery : Pour que nous puissions contribuer à l'approche « One Health » en nous passant de produits chimiques et, dans le même temps, en poursuivant un objectif de productivité pour assurer l'alimentation d'une population planétaire plus nombreuse, il nous faudra de nouveaux intrants phytosanitaires, moins chers et respectueux de la nature. Pour cela, les agriculteurs ont besoin de chercheurs. La recherche a besoin de moyens. Il faut qu'il y ait une vraie volonté politique en faveur de la recherche agronomique.

Anne-Cécile Suzanne et Olivier Coupery : Nous sommes tous les deux d'accord pour dire qu'il n'y a pas de solution « miracle » et unique, mais un faisceau de solutions, pour assurer une répartition plus juste de la valeur tout au long de la chaîne de production jusqu'à l'utilisateur.

Ce qui est certain, c'est que, pour une agriculture durable actrice de la Santé Unique, il faut que les paysans soient heureux, plus nombreux, et surtout qu'ils vivent sur un territoire en bonne santé.

Solutions et technologies innovantes au service d'une agriculture durable

Entreprise internationale, Corteva Agriscience propose aux agriculteurs un mélange équilibré et diversifié de semences, de produits de protection des cultures et de solutions numériques destinés à améliorer la rentabilité et la durabilité des exploitations.

Les solutions génétiques ont pour objectif d'améliorer la tolérance des plantes aux maladies et aux effets du réchauffement climatique. Corteva développe également des techniques agronomiques pour optimiser les couverts végétaux, la gestion de l'implantation et le stockage du carbone. L'entreprise met par ailleurs à disposition des agriculteurs des technologies digitales, avec par exemple des images satellites des parcelles pour adapter le choix des variétés et la conduite de la culture.

L'entreprise propose un « bouquet » de solutions adaptées aux spécificités de chaque exploitation : techniques d'application pour optimiser les traitements à la cible visée ; prise en compte du risque « vulnérabilité de la parcelle » pour limiter notamment les risques de transfert dans les milieux ; choix de méthodes complémentaires, biosolutions…

À titre d'exemple, l'initiative « Colza différent[1] » utilise une variété tolérante à la maladie appelée *Sclerotinia* en combinaison avec un produit de biocontrôle à base d'une souche de *Bacillus*. Cette combinaison de solutions réduit de façon significative les indices de fréquence de traitement. La solution Kinsidro™ Start augmente, quant à elle, la résilience du maïs face aux attaques des insectes. La solution Utrisha™ N permet, par l'intermédiaire d'une bactérie, de transformer l'azote de l'air en forme utilisable par la plante directement dans le feuillage de la culture. Cette innovation offre une réponse aux exigences réglementaires, notamment sur le climat et pour la mise en place de nouvelles mesures agroenvironnementales.

Séverine Jeanneau

1. https://www.terre-net.fr/partenaire/corteva/accueil/r2929

La météo connectée au service des agriculteurs

Sencrop, start-up de l'agrotechnologie, développe depuis 2016 des solutions collaboratives basées sur la collecte de données de l'agrométéorologie. Des stations météo installées directement sur les parcelles des agriculteurs remontent des données multiples (pluviométrie, température, humidité de l'air, vitesse du vent) toutes les 15 minutes vers l'application Sencrop installée sur le téléphone et l'ordinateur des agriculteurs. Cette transmission se fait par un système de communication qui ne dépend pas de la téléphonie mobile et qui évite les « zones blanches ». D'ailleurs, très peu énergivores, ces stations ont une autonomie qui se compte en années.

Ces informations permettent aux exploitants d'organiser leurs journées culturales, de réduire les intrants en fréquence et en quantité selon les conditions météorologiques, d'établir des alertes pour des conditions météo particulières comme le gel, et des bilans en fin de campagne. L'application réunit aussi un radar de pluie, différents modèles de prévision météo et des fonctionnalités pour le suivi cultural sur ses onglets.

Par ailleurs, le travail collaboratif y est favorisé : les agriculteurs échangent leurs données et se coordonnent pour plus d'efficacité. Le conseil des techniciens des organismes agricoles monte en expertise car ils peuvent analyser les données en amont et affiner ainsi leurs préconisations en toute connaissance de cause.

Sencrop est également connectée aux grands outils d'aide à la décision (OAD), développés par des organismes agricoles (comme Arvalis) pour aider les agriculteurs à déterminer le meilleur moment pour appliquer, ou non, des intrants. Des algorithmes intégrés à ces outils calculent les besoins des cultures en fonction de différentes données que l'agriculteur fournit en amont, dont la météo qui arrive automatiquement par le biais des stations connectées. Les OAD indiquent les risques à la maladie et les types de traitements à faire. Un exemple typique est Mileos, développé par Arvalis, qui aide à la lutte contre le mildiou de la pomme de terre. Ce conseil consiste souvent à recommander des créneaux pour des interventions de la part des agriculteurs, sur la base de données météorologiques. Plus la donnée météo est précise et en temps réel, plus le conseil est fiable.

En 2021, devenue leader européen, Sencrop, dont la mission est de démocratiser l'agriculture de précision pour une meilleure gestion des ressources et un impact environnemental maîtrisé, compte plus de 250 réseaux de stations regroupant les agriculteurs des chambres d'agriculture, coopératives, et traite les données de plus de 20 000 stations en Europe.

Valérie Gros

Répondre aux objectifs d'un développement durable grâce à la bioéconomie

Arnaud Leroy, Président du Conseil d'administration de l'Agence de la transition écologique (ADEME).

La bioéconomie recouvre l'ensemble des activités liées aux écosystèmes, les utilisations et transformations de la biomasse. Elle s'appuie sur la valorisation des productions agricoles, forestières et aquacoles, ainsi que des biodéchets. Elle se trouve à la croisée de multiples enjeux de sécurité alimentaire, de préservation de l'environnement, de santé, d'économie, de développement de services environnementaux. Face au défi climatique, les études réalisées ces dernières années soulignent son rôle essentiel et stratégique, notamment au travers de l'évolution des systèmes agricoles et alimentaires, et des modes de valorisation de la biomasse. Les secteurs de la bioéconomie ont la particularité de combiner trois grands leviers de lutte contre le changement climatique : un potentiel de réduction de l'empreinte du système alimentaire, un potentiel de stockage de carbone et un potentiel de production de biomasse renouvelable substituables aux ressources fossiles.

L'enjeu de l'alimentation durable

Représentant un quart de l'empreinte carbone des Français, l'alimentation émet autant de gaz à effet de serre (GES) que le transport ou le logement. Le dernier rapport du Groupe d'experts intergouvernemental sur l'évolution du climat (GIEC) confirme le poids du système alimentaire dans les émissions de GES de l'ordre de 21 à 37 %. L'évolution de nos systèmes agricoles et alimentaires est donc une condition de l'atteinte de la neutralité carbone. Elle pose la question des modes de production agricole, des régimes alimentaires, de l'efficience de la chaîne de transformation et de distribution alimentaire, de la provenance des aliments, des relations entre consommateurs et producteurs. Ces transformations concernent l'ensemble des acteurs des systèmes agricoles et alimentaires, qu'il s'agisse de faire évoluer l'offre vers une alimentation à faibles impacts environnementaux, de réduire les pertes et gaspillages ou d'accompagner les citoyens vers une consommation alimentaire bonne pour leur santé et le climat grâce à une meilleure information nutritionnelle et environnementale. Ces transitions doivent faire converger les enjeux sanitaires et environnementaux. Les régimes alimentaires plus équilibrés, plus en phase avec les recommandations de santé, ont aussi une empreinte environnementale plus faible.

Le stockage de carbone

Les stocks de carbone présents dans les sols, les arbres (haies, forêts) et les produits bois sont très importants. Ces stocks sont estimés entre 3 et 4 milliards de tonnes de carbone dans les 30 premiers centimètres des sols en France[1] et plus de 1,2 milliard de tonnes de carbone dans la biomasse forestière en France. Les forêts sont le principal puits de carbone en France et l'agriculture présente un important potentiel sous réserve d'une évolution forte des pratiques.

Le premier enjeu reste celui de la préservation des milieux présentant les stocks et les puits de carbone les plus importants : les forêts, les haies, les prairies permanentes et les zones humides. Il s'agit donc de limiter drastiquement l'artificialisation des sols, le retournement des prairies permanentes, le drainage des zones humides et de raisonner l'accroissement des prélèvements de bois au regard des enjeux climatiques.

Le second enjeu est celui de l'accroissement du stockage naturel de carbone, en particulier s'il est développé à grande échelle en agriculture. Le projet « 4 pour 1000 », porté par la France depuis la COP21 en 2016, illustre cet enjeu de séquestration de carbone. Ainsi, l'analyse des leviers de stockage de carbone dans les sols réalisés par l'INRAE donne un potentiel technique de stockage additionnel (lié à l'adoption de nouvelles pratiques) de l'ordre de 31 millions de tonnes eq CO_2 par an d'ici à 2050, et 50 Mt eq CO_2 par an si l'on ajoute le stockage dans les arbres et les haies. Ce potentiel est majoritairement lié à la généralisation des couverts en interculture, au développement des prairies temporaires et à l'extension des systèmes agroforestiers sur plusieurs millions d'hectares. Outre la fourniture d'un service environnemental d'intérêt général, les stratégies de stockage de carbone dans les sols et les arbres permettent de combiner d'autres bénéfices agronomiques en améliorant la qualité des sols et la résilience des systèmes de production face aux aléas climatiques.

La biomasse

La troisième contribution du secteur de la bioéconomie concerne la production de biomasse renouvelable, substituable aux ressources fossiles. La biomasse

1. Source : INRAE.

est produite par les organismes vivants : plantes, animaux, insectes, micro-organismes Ses ressources sont très diverses, de même que ses usages, qui touchent à de nombreux secteurs économiques. Elle est « *la fraction biodégradable des produits, déchets et résidus provenant de l'agriculture, y compris les substances végétales et animales issues de la terre et de la mer, de la sylviculture et des industries connexes, ainsi que la fraction biodégradable des déchets industriels et ménagers*[1] ». La biomasse est considérée comme une ressource renouvelable à partir du moment où elle est produite selon des pratiques durables avec notamment une préservation de la qualité des sols et le rebouclage des cycles biogéochimiques. Si cette ressource est en France renouvelable, elle reste néanmoins limitée et doit donc être optimisée dans ses usages.

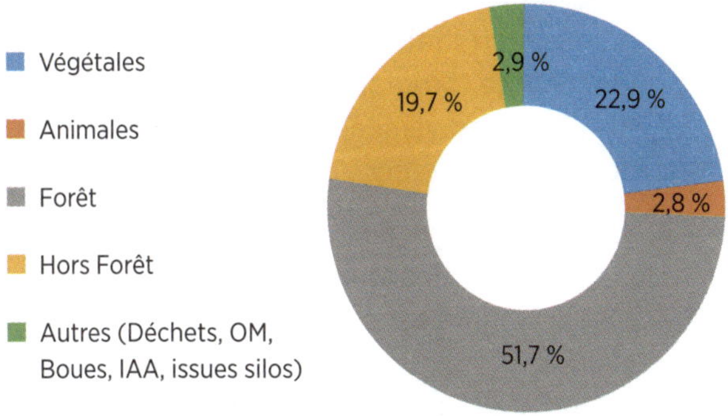

Les services rendus par la biomasse sont très larges et en évolution permanente : production de matériaux et produits biosourcés très divers (construction, plastiques, lubrifiants, détergents, textile, cosmétiques) ; production d'énergie sous ses différentes formes (chaleur, gaz, électricité, carburants). La biomasse n'est pas une source d'énergie nouvelle. En 2017, les biomasses mobilisées, tous usages (non alimentaires) confondus, ont été évaluées à 50,7 Mt MS (matière sèche) avec une forte majorité de ressources bois. La biomasse représente 55 % des énergies renouvelables consommées en France, constituant de loin la première énergie renouvelable. La consommation de biomasse pour des usages énergétiques (combustion, méthanisation, biocarburants), pour l'année 2017, a été

1. Définition par l'article 19 de la loi n° 2009-967 de programmation relative à la mise en œuvre du Grenelle de l'environnement.

évaluée à 145,7 TWh PCI (pouvoir calorifique inférieur) avec une forte majorité de ressources bois (comparativement aux autres types de ressources : agricoles, IAA). Cette valorisation est largement orientée vers la combustion (domestique et collectif/industrie). Elle est amenée encore à se développer de manière importante dans les prochaines années sous différentes formes, constituant un enjeu stratégique pour la transition énergétique.

Aborder la bioéconomie de manière systémique

Parce qu'elle est une ressource renouvelable clé et à un rythme de renouvellement relativement rapide, la biomasse est aujourd'hui au carrefour de différentes stratégies nationales (stratégie bioéconomie pour la France, projet agroécologique pour la France, programme national pour l'alimentation, plan national forêt-bois, stratégie biodiversité) ayant vocation à être déclinées dans les régions et les territoires, en cohérence avec les stratégies de développement territorial.

Mais, si la biomasse est effectivement une ressource renouvelable, elle reste néanmoins limitée dans sa quantité et ne peut répondre à l'ensemble des besoins actuels. Le remplacement des ressources fossiles par de la biomasse ne pourra pas se faire sans des modes de production et de consommation plus sobres. L'augmentation des prélèvements de biomasse souligne aussi l'importance de tenir compte de leurs impacts sur l'état et le fonctionnement des écosystèmes. Enfin, stratégies et leviers de lutte contre le changement climatique impliquant les secteurs de la bioéconomie sont interdépendants et à aborder dans leur globalité dans le cadre d'approches systémiques. Sur un territoire, cela suppose donc de considérer ensemble les systèmes alimentaires, non alimentaires et de recyclage de la biomasse. Il s'agit d'y rechercher les orientations permettant de trouver les bons équilibres entre les multiples enjeux alimentaires, énergétiques, climatiques, environnementaux et socioéconomiques.

Prendre soin de l'eau, des poissons, des sols et de l'énergie en une solution intégrée

Jacigreen apporte une solution éco-innovante par une solution « mixte » qui déroule le cycle de vie d'une ressource naturelle et sa transformation en intrants bio et énergie. Une solution qui répond à deux défis de santé – ceux du milieu aquatique et des terres cultivables – et propose une alternative pour produire de l'énergie.

La jacinthe d'eau est une plante aquatique qui pousse régulièrement et très rapidement dans les cours d'eau (cas du fleuve Niger) et les barrages au Burkina Faso. En elle-même, cette plante n'est pas néfaste : dans un premier temps, elle purifie le cours d'eau où elle pousse ; mais, arrivée à une certaine maturité, elle étouffe la vie aquatique. Pour combattre ses effets, l'entreprise nigérienne Jacigreen a mis en place un système qui associe phyto-purification durable des eaux douces, collecte intelligente de la jacinthe d'eau, création d'engrais organiques et production d'électricité à partir du biogaz récupéré lors du processus de transformation.

Cette gestion éco-innovante repose avant tout sur la collecte de la jacinthe d'eau après une certaine maturité de la plante, préservant durablement la biodiversité halieutique tout en évitant la perte d'eau et l'eutrophisation. La biomasse de la jacinthe d'eau récupérée est transformée en biofertilisants et biopesticides, permettant ainsi une meilleure performance des productions agricoles sans apports chimiques. L'engrais organique liquide JaciGrow^{TM} est à la fois un engrais, un fongicide et un activateur de la fertilité. La fumure organique JaciMulch^{TM} fournit au sol un stock élevé d'humus et augmente la porosité et la rétention de l'air et de l'eau du sol. JaciPhyto^{TM} protège les cultures contre les nuisibles. Les résidus de biomasse sont transformés en gaz (JaciBiogaz^{TM}) utilisé pour la production autonome de chaleur et/ou d'électricité en zones périurbaines et rurales, contribuant ainsi à l'élargissement de l'accès à l'énergie propre et abordable.

Mariama Mamane

L'alimentation, notre première médecine

Bernard Schmitt, Médecin, directeur du CERNH, ancien chef de service d'endocrinologie-diabétologie-nutrition et maladies métaboliques du CH Bretagne Sud, co-président de Bleu-Blanc-Cœur®.

Lorsqu'on observe l'état sanitaire de la population française, le constat est sévère. La prévalence des maladies dites « de société » – maladies cardiovasculaires, diabète, obésité, cancers, maladies neurodégénératives, directement liés à notre mode de vie, et en particulier à notre alimentation – constitue un défi majeur de santé publique et témoigne en outre d'importantes inégalités sociales.

Notre avenir s'inscrit dorénavant dans une période incertaine, caractérisée par la remise en cause de nombreux paradigmes, qu'ils soient agricoles, environnementaux, nutritionnels, de santé ou, plus largement, sociétaux. Ainsi, confrontée à de multiples défis, la filière Bleu-Blanc-Cœur® (BBC), née il y a vingt ans, a dû s'adapter en permanence et mettre en place des leviers efficaces permettant une dynamique du changement conduisant à une alimentation plus vertueuse.

Dans un premier temps, nous nous étions focalisés sur des enjeux de santé publique par un enrichissement naturel de nos aliments en oméga 3 (w3) grâce à l'apport de graines de lin extrudées dans la ration alimentaire des animaux d'élevage. L'efficacité de cette démarche a été confirmée par de nombreuses études cliniques portant sur le métabolisme général, les maladies cardiovasculaires, la lutte contre l'hypercholestérolémie, le diabète, la prévention de l'obésité et de l'inflammation. À titre d'exemple, nous avons pu tester cette propriété en prévention des formes graves de la Covid-19, en associant le régime BBC à la vitamine D.

Pour parvenir à ces résultats, nous avons mis en place un modèle de production agroalimentaire spécifique répondant à des cahiers des charges associant obligation de moyens et de résultats, et valorisant les compétences d'acteurs engagés tout au long de la chaîne alimentaire. Nous avons ensuite élargi progressivement notre conception d'une alimentation vertueuse en intégrant de nombreux domaines répondant à l'attente des consommateurs, à de nouveaux comportements alimentaires et à de nouvelles revendications sociétales : impact de ce nouveau modèle sur le réchauffement climatique et la diminution des émissions de gaz à effet de serre, sur le gaspillage, sur la déforestation liée à la dépendance du monde agricole aux importations agroalimentaires (tourteaux de soja, huile de palme) destinées à l'alimentation animale et, bien entendu, sur l'impact de ce modèle agroéconomique sur la santé humaine, sachant que cette alimentation vertueuse a pour vocation d'être accessible au plus grand nombre, et en particulier aux plus fragiles et aux plus démunis qui en ont le plus besoin.

C'est cette vision holistique de l'équilibre alimentaire et de la santé globale que BBC a formalisée à travers le concept « One Health ». Faisant nôtre l'adage attribué à Hippocrate : « nous sommes ce que nous mangeons », nous avons élargi ce concept car nous sommes – surtout – tout ce que l'ensemble des maillons de la chaîne alimentaire, depuis le microbiote du sol jusqu'aux plantes et aux animaux, a absorbé, consommé, transformé, métabolisé, digéré et finalement apporté dans notre assiette. Au-delà de cette extraordinaire alchimie caractérisant la complexité de nos apports énergétiques, nous consommons aussi les vertus symboliques des aliments qui façonnent notre identité sociale.

Quelques exemples montrent qu'une alimentation équilibrée et vertueuse doit répondre à un double enjeu de santé publique et de responsabilité sociétale et nécessite de prendre en compte l'ensemble des déterminants de la chaîne alimentaire.

L'étude AGRALID est une évaluation nutritionnelle, environnementale et socioéconomique de plusieurs menus alimentaires vers une évolution durable des pratiques agricoles et des recommandations nutritionnelles. L'un des objectifs de cette étude est d'identifier des filières de productions agricoles durables et en mesure de contribuer à l'atteinte des recommandations nutritionnelles de l'homme – cela en modifiant le moins possible les habitudes alimentaires et en proposant des menus accessibles au plus grand nombre : menus « moyens », « Programme national nutrition santé[1] (PNNS) », « sans poisson » en raison de la raréfaction de la ressource halieutique, et « végétarien », chacun étant décliné soit en production standard, soit en filière BBC. À travers 22 indicateurs nutritionnels (énergie en Kcal, protéines, lipides, glucides, rapport ω6/ω3, ou oligoéléments de type calcium, phosphore, fer ou iode), huit indicateurs environnementaux (incluant le changement climatique, l'utilisation d'énergie, l'acidification, l'eutrophisation, l'utilisation de surfaces, la déplétion

1. Lancé en 2001, le Programme national nutrition santé (PNNS) est un plan de santé publique visant à améliorer l'état de santé de la population en agissant sur l'un de ses déterminants majeurs : la nutrition. Pour le PNNS, la nutrition s'entend comme l'équilibre entre les apports liés à l'alimentation et les dépenses occasionnées par l'activité physique.

biotique, l'impact global (« Recipe ») et le prix), nous avons réalisé une évaluation comparative nutritionnelle, environnementale et socioéconomique, afin de proposer des recommandations nutritionnelles garantissant au consommateur une alimentation équilibrée, intégrant une évolution durable et acceptable de pratiques agricoles plus vertueuses. Les résultats montrent que c'est le régime « PNNS » décliné en Bleu-Blanc-Cœur qui présente le meilleur compromis qualité nutritionnelle / qualité environnementale / acceptabilité / prix.

Le programme ÉCO-MÉTHANE concerne la production laitière, les vaches étant considérées comme les principales responsables des émissions de gaz à effet de serre (GES) du secteur agricole. Nous avons montré qu'en augmentant la concentration en graines de lin extrudées, riches en ω3, dans leur alimentation, on diminuait, par modification de la flore ruminale, jusqu'à 30 % les émissions de méthane entérique par rapport à une alimentation traditionnelle « maïs-soja ». Cette corrélation étant linéaire, il est ainsi possible, en mesurant par spectroscopie les acides gras du lait, de quantifier directement les émissions de méthane d'un élevage et d'évaluer de cette manière simultanément le bénéfice de ce mode d'élevage sur la santé humaine et sur l'impact environnemental. Comptabilisés, ces résultats permettent à chaque exploitant de connaître les performances de sa démarche écoresponsable et de son impact en santé publique. Cette technique est dorénavant labellisée par les Nations unies dans le cadre de la Convention sur les changements climatiques.

Le programme PROLEVAL / Légumineuses permet de minimiser les émissions de GES par l'introduction de légumineuses locales évitant l'application d'engrais azotés, tout en réduisant les importations de soja responsables de la déforestation. En utilisant la méthode *Agribalyse* d'analyse du cycle de vie développée par l'ADEME, ce programme vise à assurer l'autonomie protéique des exploitations dans une dynamique vertueuse entraînant une diminution drastique des émissions de protoxyde d'azote (N_2O) dont le pouvoir chauffant est de × 300 eq CO_2 et permet une réduction des GES de 5 à 25 % selon les produits, tout en maintenant un rapport idéal ω6/ω3 < 4. Il est labellisé « Bas Carbone » depuis août 2021.

Les menus « PNNS » alimentaires vers une évolution durable des pratiques agricoles

➤ Le menu « PNNS », qui suit les recommandations émises par le Plan national nutrition santé (PNNS) : 5 fruits et légumes par jour, 3 produits laitiers par jour, féculent à chaque repas, viande/poisson/œuf : 1 à 2 fois/jour, limitation les produits sucrés, des matières grasses et du sel, diversification des huiles alimentaires.

➤ Le menu « PNNS sans poisson », dans lequel le poisson a été remplacé par des produits animaux terrestres (ce menu a été élaboré afin d'évaluer la contribution du poisson aux atteintes des apports nutritionnels conseillés).

➤ Le menu végétarien et végétarien intermédiaire, dans lequel toutes les viandes ont été remplacées par des œufs ou du tofu.

Pour chacun de ces menus, deux déclinaisons ont été modélisées : la première (STD) est caractérisée par le fait que tous les produits animaux sont issus de la filière conventionnelle, et la seconde (BBC) par des produits animaux tous issus de la filière BBC, par le remplacement de 5 % de la farine par un mélange de graines de lin (Linette®), source d'acides gras polyinstaurés n-3), et par le remplacement total des huiles de tournesol par un mélange d'huile de colza et d'olive.

Retrouver le goût des bonnes choses

Guillaume Gomez, « Ambassadeur de la gastronomie française », représentant personnel du président de la République pour la gastronomie et l'alimentation, chef de l'Élysée de 2013 à 2021, Meilleur Ouvrier de France 2004.

Trop de sels, de sucres, d'additifs. Alors que le repas gastronomique à la française et ses rituels sont inscrits au patrimoine culturel immatériel de l'Unesco, les Français n'ont jamais aussi « mal » mangé, au détriment de leur santé. Renouer avec la santé alimentaire, c'est réapprendre, changer nos routines et nos achats, repenser notre relation aux autres autour de la gastronomie.

Plus d'une vingtaine de mensuels spécialisés, sans compter les rubriques hebdomadaires des médias classiques, une quinzaine de programmes de cuisine à la télévision, la multiplication de sites culinaires, de tutoriels sur le web. Et pourtant, on n'a jamais consommé autant de produits ultratransformés[1] en France. Leur part dans l'assiette moyenne représente un tiers des apports caloriques journaliers[2]. 69 % des produits alimentaires disponibles dans les supermarchés sont ultratransformés[3].

Par ailleurs, le coût de l'alimentation est de plus en plus bas. Depuis 1960, le budget des ménages consacré à l'alimentation occupe une part de plus en plus réduite de leurs dépenses de consommation : 15,6 % en 2017[4] contre 35 % en 1960[5] (derrière le transport et devant le logement). La composition du panier alimentaire s'est par ailleurs modifiée. La consommation de plats préparés a augmenté de 4,4 % par an en soixante ans. Le temps de préparation des repas à domicile a baissé : les Français passent aujourd'hui dans leur cuisine un quart de temps en moins qu'en 1986 (53 minutes contre 1 h 11 par jour).

La consommation de produits céréaliers, de légumes secs et de féculents – principales sources de glucides dits « complexes » – a considérablement chuté au cours des dernières décennies, alors que la contribution des sucres simples dans la ration énergétique s'est accrue ; par ailleurs, la baisse de la consommation de légumes a induit une réduction de la densité en micronutriments[6].

1. La FAO distingue quatre catégories d'aliments : les aliments non transformés (viande, lait, fruits et légumes non préparés...), les ingrédients transformés (condiments, beurre, huiles végétales...), les aliments transformés (aliments fumés, fromages, pains) et les aliments ultratransformés (produits avec des formulations industrielles qui comportent plus de 4 ou 5 ingrédients). http://www.fao.org/3/ca5644en/ca5644en.pdf
2. https://alimentation-sante.org/2021/08/les-aliments-ultra-transformes-en-france-la-situation-en-2021/ – https://pubmed.ncbi.nlm.nih.gov/33966096/ (Davidou *et al.*, 2021; Fardet *et al.*, 2021* ; Salomé *et al.*, 2021; Andrade *et al.*, 2021; Julia *et al.*, 2018.)
3. https://pubmed.ncbi.nlm.nih.gov/33966096/
4. https://www.insee.fr/fr/statistiques/4127596#tableau-figure3
5. https://www.insee.fr/fr/statistiques/1379769
6. https://solidarites-sante.gouv.fr/IMG/pdf/conso.pdf

Or on sait (voir p. 74) que la nutrition représente le premier facteur de risque de perte d'années de vie en bonne santé (31 %) devant le tabac (12 %) et l'alcool (7 %)[1].

Tous ces chiffres démontrent que nous sommes allés trop loin dans l'artificialisation de notre alimentation. L'une des conséquences les plus dommageables est que cela nous a fait perdre le sens du goût des produits « simples », peu ou pas transformés, et en lien avec une pratique agricole respectueuse de l'environnement.

C'est d'ailleurs un point qui est ressorti très nettement de l'étude menée par planet A® en avril 2021[2] : spontanément, le lien environnement-santé-alimentation est globalement bien intégré, mais les modes de production respectueux de l'environnement n'émergent pas : lorsqu'il est question de définir le « bien manger », seuls 4 % des Français l'associent aux modes de production. C'est la notion de plaisir et de convivialité qui domine (55 %).

La gastronomie est une preuve de notre attention aux autres

Pour que l'alimentation redevienne un levier efficace et positif de leur santé et de la protection de l'environnement, les consommateurs doivent reprendre la main sur leur assiette – et surtout leur cuisine ! Pour moi, c'est une question de « bon sens ».

La « chaîne » de la transmission du savoir-faire en cuisine s'est interrompue entre les années 1980 et aujourd'hui. Le passage des recettes intergénérationnelles a souffert de nos changements de vie – il est crucial que nos jeunes, et nos moins jeunes, retrouvent le chemin de la cuisine. Les scandales agroalimentaires, rappels de produits contaminés et prises de conscience des risques environnementaux liés à la culture de certains produits – comme l'huile de palme – et le confinement ont progressivement ramené les particuliers devant leurs fourneaux. Il n'est pas question de retourner à « la vie d'avant » et au « goût d'antan ». Mais ce retour au travail en cuisine doit traduire un autre rapport à soi, un autre rapport au monde.

Cuisiner, c'est faire lien avec les autres, lien avec la planète et le vivant. La gastronomie, c'est une démonstration de l'attention aux autres et à soi. Cuisiner, c'est choisir ses produits autrement qu'en fonction du prix.

1. https://www.santepubliquefrance.fr/determinants-de-sante/nutrition-et-activite-physique/documents/depliant-flyer/l-essentiel-des-recommandations-sur-l-alimentation
2. https://www.planet-a-initiative.com/section/presse/?lang=fr

L'éducation, premier aliment

Le premier levier de cette « reprise en main », c'est l'éducation. Nous devons introduire ou réintroduire des cours de cuisine à l'école, et ce, dès la maternelle. Dans les sessions que j'anime, je vois que les enfants ont un réel « appétit » d'apprentissage de l'alimentation. Nous devons donner aux écoles, aux collèges, le temps et les moyens de donner des cours de cuisine et d'intégrer plus de connaissances sur l'alimentation et les systèmes alimentaires dans les programmes scolaires.

Le deuxième levier, c'est de multiplier les rencontres entre agriculteurs, exploitants, éleveurs et consommateurs. Tout le monde est demandeur. Ce n'est pas un hasard si le Salon de l'Agriculture est autant plébiscité par le grand public. Les journées de l'agriculture doivent être plus fréquentes, corrélées avec les semaines du goût, journées de l'alimentation, portes ouvertes à la ferme. Il faut remettre le savoir-faire paysan, en lien avec celui de l'artisan, au cœur de la cuisine des ménages.

Le troisième levier, c'est celui de la saisonnalité et du circuit court. Si nous voulons être respectueux de la santé dans une approche « One Health », nous devons éviter de manger des produits hors saison et nous adapter au territoire où l'on est. On ne mange pas la même chose à Brest, à Nice, à Los Angeles et à Dakar : les productions locales sont différentes. Consommer un avocat ou une mangue doit rester exceptionnel quand on vit en France métropolitaine.

Les aliments bio peuvent rassurer le consommateur, encore faut-il qu'ils soient bien tracés. On sait que les normes des productions « organiques » ne sont pas les mêmes d'un pays à l'autre, surtout hors d'Europe.

Arbitrer dans son panier

Quatrième levier : il ne doit pas y avoir de barrière à l'accessibilité économique à des produits frais et sains. Si l'on fait correctement ses comptes, on voit que c'est moins cher de faire soi-même une bonne quiche, une bonne pizza, avec des ingrédients de bonne qualité, que d'acheter des plats industriels, noyés dans le gras, le sucre, les exhausteurs de goût et d'autres additifs. En retrouvant le chemin de la cuisine, les consommateurs vont retrouver ce « bon sens » dans leur arbitrage budgétaire. Si on met dans son caddie moins de soda, de produits tout faits, mais plus d'ingrédients non ou modérément transformés (farine, œufs, jambon, fromage), on libère ainsi une part de son budget pour des produits frais, des légumes et fruits de saison. Et, surtout, ce qui est invisible et qui s'ajoute ou se soustrait dans un caddie, c'est la santé !

Cinquième levier : la gestion du temps. On peut consacrer plus de temps le week-end à préparer des plats maison, avec des ingrédients simples mais savoureux, qu'on congèle ou qu'on met de côté pour le reste de la semaine.

La moitié de la population étudiante déclare sauter des repas durant une semaine normale de cours[1], essentiellement par manque de temps et d'argent. Je trouve que c'est catastrophique. Pour moi, cette question peut se résoudre avec une meilleure organisation du temps et du budget, et avec le collectif. Les étudiants, c'est vrai, n'ont pas toujours une cuisine. Mais en jouant du collectif, ils peuvent se retrouver, une fois par semaine, chez ceux qui ont une cuisine, pour faire des plats à l'avance. En groupant les courses et la préparation, ils gagneront en qualité, en plaisir et en arbitrage budgétaire !

Consommateur, acteur

L'enquête planet A® montre que les Français plébiscitent une rétribution plus juste du travail des agriculteurs et se disent prêts à payer plus cher. Il est temps de passer de l'intention à l'acte. Il faut qu'on bascule de la notion de satisfaction immédiate – consommation de plats ultratransformés, salés, sucrés – à une planification raisonnée, qui intègre l'ensemble de la chaîne alimentaire et du vivant dans cette représentation de l'alimentation. Aujourd'hui, on a encore peu conscience – ou on a perdu cette connexion – que l'on gère mieux sa santé par l'anticipation que par la guérison. Plus de 30 milliards d'euros déboursés par la Sécurité sociale[2] chaque année concernent les soins pour des troubles métaboliques en rapport direct avec des déséquilibres alimentaires (maladies cardiovasculaires et diabète alimentaire, notamment). Ne serait-il pas mieux de dépenser cette somme dans une alimentation saine, comme une médication préventive ? Une botte de carottes, une salade

1. http://www.ove-national.education.fr/enquete/enquete-sante-des-etudiants/
2. https://www.securite-sociale.fr/files/live/sites/SSFR/files/medias/PLFSS/2020/PLFSS-2020-ANNEXE%20 1-Maladie.pdf

verte, un poulet élevé en plein air ne sont pas des médicaments mais participent de cette prévention et sont incontestablement meilleurs pour la santé et l'environnement que des antibiotiques ou des vasodilatateurs. Les consommateurs ont la possibilité de faire bouger les lignes en choisissant tel produit plutôt que tel autre. C'est ce que soulignent Anne-Cécile Suzanne et Olivier Coupery, p. 94. La variable d'ajustement, ce n'est ni la santé du consommateur, ni celle des agriculteurs : c'est toute la phase intermédiaire. Il est indispensable que les industries agroalimentaires et les distributeurs réduisent leurs marges et qu'ils ne promeuvent plus de produits ultratransformés.

Remettre de la saveur dans les plateaux-repas

Dernier levier : la restauration collective. Cantines, restaurants d'entreprise, repas d'hôpitaux : cette restauration collective est aujourd'hui mal aimée de ses consommateurs, souvent à juste titre, même si beaucoup de chefs y fournissent un travail de qualité. En outre, le coût peut être exagérément cher. Il faut donc qu'on aille vers un système de qualité. Les contrats « directs » doivent se multiplier avec les collectivités locales pour de la restauration sourcée (en produits locaux mais aussi dans un circuit de cuisine centrale de qualité). Cela implique que les collectivités locales investissent dans des cuisines de proximité à l'échelle communale ou intercommunale, qu'elles soient dotées de vraies cuisines. Et surtout qu'on y embauche des salariés formés, reconnus et heureux d'y travailler.

C'est tout l'art de notre métier de chef : la restauration, c'est d'abord la restauration du corps. C'est remettre notre corps en marche. C'est faire le lien entre nous et les autres, entre nous et le vivant.

Dans notre cycle de vie, le goût, c'est le premier et le dernier plaisir.

Les Systèmes Alimentaires Territorialisés et la reconquête de la souveraineté alimentaire : le cas de l'Afrique subsaharienne

Pierre Jacquemot[1], Président du Groupe initiatives, universitaire, diplomate.

1. Auteur de *Souverainetés agricoles et alimentaires en Afrique : la reconquête*, L'Harmattan, 2021.

L'indispensable intégration de la question alimentaire et nutritionnelle dans l'approche de la Santé Unique implique de l'inscrire dans une logique spatiale. Deux questions se posent : celle de la santé du territoire et celle de la souveraineté alimentaire en son sein. Tel est l'enjeu des « systèmes alimentaires territorialisés » (SAT).

La santé d'un territoire – humaine, socio-économique, écologique et sanitaire – engage l'ensemble des acteurs concernés : la société agricole – agriculteurs, éleveurs, pêcheurs, transformateurs –, les intervenants sur les questions de biodiversité comme les gestionnaires de parcs naturels, mais aussi les décideurs publics, sans oublier les chercheurs.

L'approche de la Santé Unique doit aussi – et c'est évidemment vital – se traduire en termes de « souveraineté alimentaire », c'est-à-dire dans la maîtrise, par les acteurs concernés à l'échelle territoriale, des principaux paramètres qui agissent sur l'alimentation et la nutrition. Pour certaines régions du monde, comme l'Union européenne, la question est plutôt bien adressée. En revanche, en Afrique, la conquête de la souveraineté alimentaire demeure un défi.

À l'horizon 2050, la population de l'Afrique au sud du Sahara doublera pour atteindre 2 milliards d'habitants. Les réponses en termes de SAT sont dans de nombreux territoires déjà en germe. Même si l'agriculture est encore souvent principalement assise sur l'économie paysanne, avec des rendements généralement faibles, l'entrepreneuriat se développe autour d'exploitations de moyenne taille avec des itinéraires techniques diversifiés, plus robustes face aux contraintes climatiques. Une fraction croissante de cette agriculture est guidée par l'essor des villes pour s'inscrire dans des espaces de plus en plus imbriqués.

La fin du clivage campagne-ville

Il faut écarter l'idée selon laquelle les grandes villes africaines sont déconnectées des circuits d'approvisionnement en produits du terroir. S'il est exact que pour certains aliments essentiels, comme le riz, le blé ou le lait en poudre, l'extraversion est un sujet de préoccupation des États, la grande majorité des denrées consommées en ville provient des exploitations locales et régionales.

Ici et là, la césure campagne-ville s'estompe. Près des trois quarts de la population africaine vivent à l'interface entre zones rurales et zones urbaines. Autour des grandes agglomérations se forment des « aires agroalimentaires métropolisées » englobant à la fois des villes, des bourgs secondaires, des villages et des campagnes qui présentent un degré élevé d'intégration. Le vivrier marchand irrigue ces aires, avec autour des villes, voire à l'intérieur de celles-ci (la ville nourrit aussi la ville), du maraîchage, des cultures fruitières et de l'élevage avicole et laitier et, plus loin, des espaces consacrés aux céréales, aux tubercules et aux légumes supportant le transport.

Les filières d'élevage périurbaines d'espèces à cycle court (volailles, ovins, caprins, porcins) trouvent également des marchés tirés par une demande urbaine en protéines animales. L'aquaculture est, de son côté, en passe de s'intégrer aux pratiques productives, comme à Antananarivo (à Madagascar) ou au Cap (en Afrique du Sud) où elle apporte un complément de nourriture et constitue une source de revenus pour les petits pêcheurs et les transformateurs.

Une transition nutritionnelle

Avec la transformation des modes de vie urbains et l'augmentation des revenus, les préférences alimentaires évoluent. Les consommateurs urbains achètent plus de produits onéreux comme la viande de bœuf et le poisson, consomment moins de féculents, sont plus attentifs à la qualité, et ont plus souvent recours à la restauration, souvent de rue, qui fait vivre 50 000 femmes à Dakar et plus de 100 000 à Abidjan. Si le riz importé occupe presque partout une place importante dans l'alimentation des citadins, des produits du cru sont parvenus à conquérir une place importante au titre du « manger local » : céréales sèches (mil, sorgho, fonio), maïs, riz local, manioc, tubercules et plantains, légumineuses qui peuvent contenir de grandes quantités de protéines et de calories. Les mutations urbaines ne conduisent pas à marginaliser les produits traditionnels au profit de la nourriture industrielle.

Une grande diversité d'opérateurs

L'essor de nouveaux modes de transformation, de distribution et de consommation place les entreprises agroalimentaires au cœur des systèmes agropastoraux. Leur rôle est déterminant tant du point de vue de leur contribution à l'alimentation que comme pourvoyeuses d'emplois et de revenus non agricoles dans des activités variées (transformation, commerce, restauration, transport), profitant surtout aux femmes et aux jeunes.

À une extrémité, de nombreuses nano-entreprises, sans statut formel, souvent conduites par des femmes, fournissent des aliments à des coûts abordables pour une population au pouvoir d'achat limité. Leurs capacités d'innovation permettent de s'adapter aux exigences de la demande urbaine en produits typiques (*attiéké*, tofu, *farinha-gari*, fonio...). À Cotonou comme à Dakar ou Abidjan, elles contribuent à construire une culture alimentaire valorisant à la fois les traditions rurales et inventant des identités spécifiquement urbaines.

À l'autre extrémité, les entreprises agro-industrielles fournissent, quant à elles, des produits alimentaires transformés plus variés destinés à une clientèle plus aisée. Elles sont actives dans les filières boissons, minoteries, biscuiteries, produits laitiers, concentré de tomates, huiles.

Pour l'ensemble des chaînes de valeur, des coopératives et des organisations de producteurs, autonomes et structurées par interprofessions, jouent un rôle de plus en plus actif comme au Togo (soja), au Kenya (lait) ou au Ghana (riz local).

Une hybridation plutôt qu'une segmentation commerciale

Le prix, la qualité et la proximité sont pris en compte dans les arbitrages des consommateurs pour choisir leurs lieux d'approvisionnement. Marchés de détail, supérettes, échoppes de rue et vendeurs ambulants coexistent en remplissant des rôles complémentaires. Suivant les exemples sud-africain et kényan, de grandes surfaces commerciales ont fleuri ces vingt dernières années au cœur des villes, à Abidjan, Accra, Dakar, Lagos, Ouagadougou... Ce phénomène est étroitement associé à l'affirmation des classes moyennes. L'apparition des grandes surfaces modifie-t-elle l'organisation des chaînes de valeur ? Pour certains, ce modèle de distribution ouvre de nouveaux débouchés pour les produits locaux frais ou transformés et instaurerait des relations plus saines et professionnelles avec l'aval des filières en insistant sur la qualité et la régularité des approvisionnements. Une contribution à la consolidation des chaînes de valeur. Le rapport de force reste cependant asymétrique : l'essor des grandes surfaces exclut les petits producteurs non organisés et ne bénéficie qu'aux agriculteurs d'une certaine envergure capables de fournir d'importants volumes, seuls en mesure de répondre à des exigences en termes de régularité et de normes de qualité.

Le modèle de l'aire agroalimentaire métropolisée

L'affectation du sol agricole s'effectue selon des couronnes concentriques plus ou moins régulières, allant du cœur de la ville vers ses périphéries éloignées. Par analogie avec le modèle qui porte le nom de Johan Heinrich von Thünen, un hobereau allemand du début du XIXe siècle, les cultures les plus rentables et impliquant des coûts de transport élevés par unité produite sont installées au plus proche du marché urbain. Leur productivité couvre la rente foncière élevée. En revanche, les productions ayant un faible coût d'acheminement mais qui sont les moins rentables seront dans des cercles plus éloignés. En un point distant, l'augmentation des coûts de transport peut devenir telle que la rentabilité nette d'un produit devient rédhibitoire. Ce modèle bien adapté au contexte africain a une valeur plus universelle.

Quelles leçons tirer ?

La réalité africaine en mutation est la mieux illustrée par des représentations en termes de systèmes agroalimentaires hybrides où unités informelles, microentreprises et industries peuvent se combiner, où circuits courts et longs peuvent coexister, souvent de manière complémentaire et durable. Ces systèmes intégrés et articulés aux villes de différentes tailles peuvent se consolider sur une base territoriale. Des protections aux frontières s'imposent alors quand les importations alimentaires sont portées par des rabais abusifs de déstockage ou des subventions inégales dans les pays d'origine.

La contractualisation comme modalité d'intégration territoriale gagne pratiquement partout du terrain. Sa réussite repose sur un certain nombre d'exigences : 1/ sécuriser les débouchés, avec des contrats d'achat qui reposent sur un partage des risques (qualité, quantité, prix du marché, etc.) et non pas sur un risque intégralement supporté par le producteur ; 2/ sécuriser l'accès au financement à des coûts compétitifs ; 3/ assurer une réelle responsabilité environnementale et sociale ; 4/ préserver l'autonomie de décision des producteurs et éviter un lien de dépendance irrévocable avec l'acheteur.

Les conséquences de la pandémie de la Covid-19 posent le défi de la reconfiguration des politiques agricoles nationales dans le sens d'un renforcement des chaînes d'approvisionnement locales capables de répondre aux besoins de proximité. Le concept clé de système alimentaire territorialisé peut utilement servir à la définition des politiques de reconquête de la souveraineté alimentaire, pour déboucher non seulement sur des projets innovants, mais aussi sur la revitalisation des espaces et réseaux existants.

Associer l'échelle territoriale à la réflexion Santé Unique

Le monde fini que nous partageons nécessite de porter un regard systémique sur son évolution tant les interactions entre les éléments sont importantes et complexes. La nécessité première de se nourrir mais aussi de se loger, de se déplacer et de s'équiper implique des répercussions inéluctables sur notre environnement. Le concept de Santé Unique impose le lien entre une notion inclusive de chaque interaction et une notion de résilience. Du concept à l'action, c'est bien sur les territoires que la Santé Unique s'incarne. Il est indispensable d'associer l'échelle territoriale à la réflexion pour qualifier les actions adéquates. Cette reterritorialisation est primordiale pour aborder une résilience car elle définit un périmètre sur lequel on peut agir. C'est d'abord, pour ce qui nous concerne, nous, agriculteurs, l'intégration de nos exploitations agricoles dans une région naturelle, un territoire en connexion avec une ville, une région administrative, un État, un continent.

Cette reterritorialisation implique des hommes et des femmes qui se connaissent, se reconnaissent et peuvent porter un intérêt commun. Chacun à son niveau fixe ses objectifs et ses moyens d'action. La notion de besoin équilibré au gisement potentiel d'un territoire porte rapidement un regard inclusif et des actions clés de l'agriculteur sur l'impact santé écosystémique des sols, sur le cycle biogéochimique ou sur le flux des matières afin de construire une économie circulaire adaptée. L'action et la valeur produite du territoire permettent de mesurer cette résilience de Santé Unique.

C'est à chaque territoire, et à ses agriculteurs, de trouver ses solutions, de réfléchir à ses besoins. On peut alors regarder la complémentarité entre plusieurs territoires qui trouveront leur résilience par une intégration de leurs solutions. La Santé Unique de notre planète passe par des territoires adaptés qui ont la possibilité d'agir et d'interagir.

Maximin Charpentier, Président de la Chambre régionale d'agriculture Grand Est, secrétaire adjoint de la Chambre d'agriculture de la Marne.

Le savoir et l'expérience par l'histoire naturelle

Bruno David, Président du Muséum national d'histoire naturelle.

« *Émerveiller pour instruire* », telle est ma devise pour le Muséum national d'histoire naturelle. Énoncée telle quelle, la devise semble simple : il est facile d'émerveiller avec des objets bien choisis de l'histoire naturelle : météorites, cristaux géants, squelettes de dinosaures, éléphants ou girafes "taxidermisés", etc. ; pas si compliqué d'instruire avec les dispositifs classiques des musées : cartels explicatifs, écrans divers, dispositifs sonores, et désormais podcasts, réalité augmentée, etc. Mais est-ce vraiment si simple ? Comment énoncer la connaissance pour la rendre efficiente ? Comment transmettre savoir et expérience sans lasser, ennuyer ou rebuter ?

Nous vivons aujourd'hui une époque paradoxale. Jamais la question de « comment habiter la Terre ? » ne s'est posée avec autant d'acuité. Les urgences environnementales frappent à nos portes, les constats s'accumulent et jamais la méfiance en la science ne s'est manifestée avec autant de vigueur, du moins depuis qu'une vision scientifique du monde s'est imposée sous l'impulsion des penseurs du siècle des Lumières.

La réalité est que nous devons faire face à plusieurs défis.
Comme énoncé, le premier est environnemental. La rupture avec le reste de la planète est majeure et cette question, désormais centrale, rejoint des enjeux sociaux concernant tant la santé, l'alimentation ou l'énergie que la préservation d'une diversité culturelle.

Le deuxième défi est celui de l'éthique. Relever le défi environnemental est illusoire sans une réflexion concernant les relations qu'entretiennent les sociétés avec leur environnement et une réflexion sur les questions de justice environnementale. Toute mesure de limitation des atteintes à la planète doit conduire à s'interroger sur la légitimité de l'appropriation, sur le partage des ressources naturelles et des richesses produites.

Un troisième défi est culturel et tient au fait qu'en France les sciences ne font pas partie des exigibles de la culture. Ce constat ne date pas d'hier, mais la circulation d'informations sur la Toile par tous et vers tous ne favorise pas la dissémination d'un socle commun de connaissances, précisément parce qu'information et connaissance sont trop souvent confondues. Certains de nos concitoyens, s'appuyant sur une légitime égalité des droits, revendiquent une équivalence des compétences qui n'a pas lieu d'être. Là se trouvent en partie l'origine du rejet des savoirs scientifiques et la crispation autour de fondamentalismes et de complotismes comme tristement illustré avec la pandémie de la Covid-19. Nous devons être vigilants et inflexibles sur ce point car la connaissance scientifique est trop souvent remise en cause sous couvert du respect des opinions, alors qu'elle ne relève pas du même registre.

À ces défis s'ajoute un paramètre qu'il ne faut pas sous-estimer, celui de la complexité inhérente au vivant. Le vivant est éminemment complexe de par la diversité des espèces, la richesse de leur génome, leur physiologie ou leurs interrelations multiples dans les écosystèmes. Comment expliquer cette réalité complexe dans un monde qui ne permet plus de poser le savoir scientifique comme un constat sans courir le risque de lui voir opposer opinions ou croyances mises sur le même plan et, donc, sans le voir noyé dans un mélange d'alternatives non fondées ?

> “ Nous avons besoin d'histoire naturelle pour comprendre le monde qui nous entoure. Nous ne vivons pas hors sol, mais ancrés en nature et il faut cultiver cet ancrage. ”

Transmettre un message de connaissance pour créer de la confiance

Alors, que faire ? D'abord ne pas sacrifier cette complexité sur l'autel de la pédagogie. On peut rester pédagogue, transmettre un message de connaissance sans le dénaturer. Conserver, en l'expliquant, un certain niveau de complexité, c'est faire le pari de la transparence et c'est donc aussi créer de la confiance. Ensuite, les débats, les explications (pas les justifications) et la diffusion argumentée des connaissances sont plus que jamais nécessaires car on ne peut pas comprendre sans connaître. Contre les inclinations relativistes, on doit défendre avec vigueur l'universalisme de la démarche scientifique.

Quelle démarche engager ? Soyons optimistes et imaginons que, sur la base des constats posés, une volonté de recherche et d'application de solutions émerge et soit regardée collectivement et favorablement. Il faudra au passage admettre que la complexité du vivant est porteuse d'incertitudes, et reconnaissons que nous détestons vivre dans l'incertitude. Il faudra pourtant bien admettre que la vie n'obéissant à aucun déterminisme, elle évolue sous pression de sélection, une bonne dose d'empirisme intelligent – pas aléatoire – sera nécessaire. Autrement dit, que les solutions exclusivement technologiques ne seront pas suffisantes, pour ne pas dire risquées.

Pour avancer, il conviendra de (re)forger un corpus de connaissances partagées, en commençant par l'école de la République. Nous avons besoin d'histoire naturelle pour comprendre le monde qui nous entoure. Nous ne vivons pas hors sol, mais ancrés en nature et il faut cultiver cet ancrage, l'admettre, fût-ce en nous faisant descendre de notre piédestal autoproclamé.

Discipline d'observation, l'histoire naturelle ne nous aide pas seulement à comprendre le monde : elle apprend à respecter les faits, à rejeter le dogmatisme. Fondée sur la rationalité, elle contribue à réinstaurer la confiance du public envers les messages scientifiques, confiance indispensable pour que la démocratie puisse penser le long terme. Elle participe ainsi à forger les principes éthiques qui fournissent des orientations pour la conduite humaine, individuelle et collective. Alors, nous pourrons être vraiment optimistes.

AGIR POUR LA RECHERCHE ET LES PRATIQUES - LES PROGRAMMES INTRÉGRÉS

PREZODE – Une collaboration d'envergure pour détecter et prévenir les zoonoses émergentes

Marisa Peyre, Epidémiologiste, directrice adjointe de l'UMR CIRAD-INRAE Animal, Santé, Risques, Territoires et Ecosystèmes (ASTRE), coordonnatrice de PREZODE pour le CIRAD.

Thierry Lefrançois, Chercheur au CIRAD, Directeur du département systèmes biologique, membre du conseil scientifique français sur la Covid-19, inspecteur en chef de la santé publique vétérinaire.

PREZODE (PREventing ZOonotic Diseases Emergence) est une initiative internationale portée par la recherche qui vise à mieux évaluer, détecter et prévenir les menaces d'émergences zoonotiques, en particulier dans des pays à fort risque d'émergence de zoonoses, dans le cadre de l'approche « Une seule santé » (« One Health »).

L'Anses (Agence nationale de sécurité sanitaire de l'alimentation, de l'environnement et du travail) considère qu'au moins 60 % des maladies infectieuses humaines ont une origine animale. Afin de développer une véritable approche intégrée de la santé, une approche « One Health », il est nécessaire d'assurer une collaboration intersectorielle (santé humaine, santé animale et environnementale) mais aussi multidisciplinaire et multi-acteurs. Dans ce cadre, de nombreuses activités de recherche ont déjà été mises en œuvre, notamment sur les animaux réservoirs de virus, sur les vecteurs arthropodes et sur leurs cycles de transmission à l'homme, l'essentiel étant de travailler sur la compréhension de systèmes complexes d'interactions animal-homme-environnement. Pour passer de la recherche à l'action, des réseaux de surveillance « One Health » opérationnels à l'échelle régionale, associant les différents secteurs de la santé (humaine et animale), les chercheurs ainsi que les acteurs politiques (ministères de la Santé et de l'Agriculture, notamment) ont commencé à se développer – comme dans l'océan Indien avec le réseau « One Health » OI. Ces réseaux permettent d'intervenir conjointement pour détecter précocement ou gérer rapidement des crises sanitaires.

Au-delà de la compréhension de ces émergences, de la détection précoce et de la gestion de crises sanitaires pour lesquelles l'approche « One Health » est un atout, prévenir ces pandémies nécessite d'aller plus loin dans les approches intégrées et de considérer la santé d'un territoire et d'un socio-écosystème. Il faut définir collectivement les besoins d'un territoire donné en associant l'ensemble des acteurs de ce territoire (les agriculteurs, les éleveurs, les gestionnaires de parcs naturels, le public bénéficiaire de cette biodiversité, les chercheurs et les décideurs). Plusieurs projets de recherche – comme le projet SANSÉO[1]-MSH Maison des Sciences de l'Homme SUD[2] –, coordonnés par le Cirad, développent ces approches originales de coconstruction centrées autour des territoires de

1. Co-construire la SANté de nos Socio-Écosystèmes.
2. https://www.mshsud.org/recherche/equipes-projets-msh-sud/216-sanseo) et le projet Santé & Territoires AFD-DeSIRA (https://www.cirad.fr/espace-presse/communiques-de-presse/2021/l-agroecologie-levier-de-la-bonne-sante-d-un-territoire).

santé. Cette démarche de recherche-action permet d'examiner le potentiel et les limites d'une démarche socioécologique de gestion de la santé avec les acteurs d'un territoire, et de proposer des perspectives de recherche transdisciplinaire.

Ces approches doivent être déployées dans toutes les régions du monde, en particulier dans les zones majeures d'émergence, et recueillir un soutien institutionnel fort.

PREZODE a été lancée lors de la quatrième édition du One Planet Summit sur la biodiversité en janvier 2021 par le président de la République française, avec le soutien des Nations unies (FAO, OMS, OIE et PNUE), de la Commission européenne et de l'AFD, ainsi que les acteurs clés de ces thématiques[1]. Initié par trois instituts de recherche français – le Cirad, l'INRAE et l'IRD –, le programme réunit une cinquantaine d'organisations de recherche à l'international et en Europe[2] et s'appuie sur de nombreux partenaires et réseaux existant sur les cinq continents – acteurs, chercheurs, décideurs. Il s'agit ainsi de renforcer la collaboration internationale sur la prévention des émergences et la réaction rapide aux premiers signes.

« One Health Poultry Hub », un réseau en santé publique vétérinaire en Asie

Face à la demande croissante d'œufs et de viande volaille en Asie, une trentaine de partenaires, dont le Cirad, forment depuis 2019 un réseau de santé publique vétérinaire baptisé « One Health Poultry Hub ». Objectif : contrer l'émergence de zoonoses et sécuriser la production aviaire. En Asie du Sud, les intoxications bactériennes alimentaires sont courantes. D'autre part, c'est une région qui reste un foyer important de grippe aviaire. L'utilisation abusive d'antibiotiques en aviculture y est également une réalité. Au-delà de la surveillance des maladies virales ou bactériennes, il s'agit, au sein de ce réseau, d'identifier les comportements, les processus et environnements à haut risque, de manière à les rectifier, et de prévoir des plans de lutte adaptés contre les maladies pour sécuriser la production aviaire. Le Bangladesh, l'Inde, le Sri Lanka et le Vietnam sont les quatre pays directement impliqués par les actions du réseau.

1. Banque mondiale, EcoHealth Alliance, WCS, The Lancet « One Health » Commission, GALVmed...
2. En France, avec notamment l'Anses, l'Institut Pasteur, l'Inserm, le CNRS et le CNES, en Allemagne avec la Helmholtz, l'institut Friedrich-Loeffler et l'institut de virologie de Charité et aux Pays-Bas avec Wageningen Université.

C'est une approche inédite qui prend en compte les contraintes socioéconomiques des acteurs au niveau local. L'objectif est de coconstruire des systèmes d'alerte précoce en temps réel qui pourront également informer les différents niveaux, du national aux régional et international. Il s'agit de construire de manière participative des solutions adaptées avec les individus confrontés aux risques sanitaires, qui sont en première ligne, notamment dans les populations du Sud. Des études récentes ont montré que prévenir le risque coûterait 100 fois moins cher que le contrôle et l'impact d'une pandémie telle que la Covid que nous vivons actuellement. Donc il est essentiel pour cela de travailler en amont en prenant en compte les problématiques de santé mais également d'agriculture, de sécurité alimentaire et de préservation de l'environnement et de la biodiversité. Ce travail nécessite une collaboration intersectorielle et pluridisciplinaire.

PREZODE vise donc à trouver des solutions adaptées au contexte pour réduire les risques mais également à renforcer ou développer des systèmes pour les détecter très précocement et pouvoir mettre en œuvre des actions rapides tout en prenant en compte les contraintes socioéconomiques des acteurs au niveau local. L'objectif est de coconstruire des systèmes d'alerte précoce en temps réel qui pourront également informer les différents niveaux, du régional aux national et international.

Pour pouvoir détecter précocement, il faut assurer l'engagement des parties prenantes à la source (éleveurs, chasseurs, membres de la communauté, etc.) et favoriser leur intégration et la compréhension de leur rôle et de leur responsabilité dans ce système.

PREZODE veut également construire sur les réseaux existants et éviter la démultiplication d'activités similaires sur les mêmes zones. Cela implique d'assurer les collaborations avec les autres initiatives, qu'elles soient internationales – pour assurer une optimisation des ressources engagées – ou très locales – pour promouvoir les initiatives qui sont très efficaces mais encore trop confidentielles et peu répandues.

Afin d'assurer l'engagement de toutes les parties prenantes à l'initiative, l'année 2021, temps de mise en place, a été consacrée à sa coconstruction, tant en termes techniques que de gouvernance, et à définir un agenda stratégique scientifique et une feuille de route opérationnelle. En octobre 2021, la troisième phase de cette coconstruction a démarré dans sept régions du monde (Asie du Sud-Est, Asie de l'Est et Asie-Pacifique ; Afrique australe et de l'Est ; Afrique centrale ; Afrique de l'Ouest ; Afrique du Nord, Méditerranée et Moyen-Orient ; océan

Indien ; Amérique latine et Caraïbes ; Europe) avec environ 1000 contributeurs de plus de 130 pays du monde.

Ces ateliers de coconstruction associent les partenaires de la recherche et les partenaires opérationnels et politiques sur une vision commune du futur sans risque pandémique, sur la contribution de PREZODE à cette vision commune, sur les obstacles à la prévention des crises et sur les besoins en termes de changements qui doivent s'opérer pour assurer ce futur. Un travail de cartographie et de collaboration avec les autres initiatives en cours permettra d'identifier les synergies et complémentarités concrètes sur le terrain.

PREZODE symbolise deux changements de paradigme majeurs : investir dans la prévention et définir des stratégies du local au global – une approche *bottom-up*, qui vise à identifier par les maîtres d'œuvre des solutions qui leur sont adaptées. Cette approche se veut complémentaire de l'approche *top-down* jusqu'alors majoritairement mise en œuvre : afin d'assurer la pérennité des actions mises en œuvre, il faut également assurer très tôt l'intégration de ces solutions innovantes dans les politiques de santé nationales et l'engagement des pouvoirs publics.

« Une Santé durable pour tous »

Placée sous l'égide de la Fondation Bullukian, la Fondation « Une Santé durable pour tous » s'inscrit dans l'Agenda 2030 des Objectifs de développement durable (ODD) en promouvant « Une seule santé » (humaine, animale et environnementale) pour tous. Elle porte le OSH Forum, « One Sustainable Health » (OSH), qui associe à la fois l'approche « One Health » et « Global Health » avec un accès universel et équitable. Cette démarche collective et inclusive fonctionne en partenariat avec le World Health Summit et le Geneva Health Forum.

L'OSH entend rendre opérationnelle une approche intégrée, équitable et globale de la santé, en croisant les regards d'experts, autour d'un travail collaboratif et d'une concertation transdisciplinaire, avec sept groupes de travail internationaux et un Comité des partenaires stratégiques. Objectif : aboutir à des recommandations influentes et à des actions innovantes que les organisations, représentées dans leur diversité (ONG, centres de recherche, entreprises, collectivités locales, etc.), pourront mettre en œuvre.

https://www.onesustainablehealth.org/fr/

Santé publique : l'expérience de l'ONG Friendship

Runa Khan, Fondatrice et directrice de l'ONG Bangladeshi Friendship.

La santé d'une communauté dépend de celle de son écosystème : elle ne peut pas être traitée en silos compartimentant humain, animal et environnement. C'est une évidence lorsque l'on travaille avec les communautés sans foyer les plus vulnérables de cette planète, celles qui vivent sur les îles fluviales (chars). Ces îles instables sont formées de limon et de sable charriés par les fleuves issus de l'Himalaya et qui se jettent dans la baie du Bengale. Le réchauffement climatique, en accélérant la fonte des glaciers, augmente les inondations annuelles. Pour survivre dans ce paysage en constante évolution, les habitants des îles ont appris à être mobiles, avec un habitat qui peut être déplacé à tout moment.

Il y a vingt ans, j'ai créé Friendship, une organisation à mission sociale travaillant avec ces migrants climatiques qui se déplacent jusqu'à 4 ou 5 fois par an. La santé était leur principal besoin non satisfait. Pour apporter une aide médicale à la communauté, il nous a fallu d'abord nous adapter à la géographie de la région. Nous avons travaillé par le biais de navires-hôpitaux, de cliniques mobiles et de médecins formés dans la communauté, ce qui a permis de dispenser des soins curatifs et préventifs à grande échelle (350 000 bénéficiaires par mois). La couverture du PEV (Programme élargi de vaccination) est passée de 37 à 98 % en deux ans, les soins maternels de 20 à plus de 70 % en cinq ans. Cependant, la fourniture de soins de santé ne suffisait pas pour entraîner un changement à long terme pour ces habitants.

Une mère de famille pauvre guérie d'une cataracte reste faible et mal nourrie si elle n'a pas accès à des ressources économiques viables. Il faut aussi lui donner la possibilité d'éduquer ses filles. Nous devions donc assurer l'éducation, le développement économique, la citoyenneté inclusive, l'action climatique et la préservation culturelle dans le cadre d'une approche intégrée et multidisciplinaire.

Il était donc indispensable de concevoir des programmes d'aide interconnectés et inclusifs. Ainsi, on ne peut pas dire qu'un enfant est correctement vermifugé s'il court pieds nus dans les champs où les animaux n'ont pas été vermifugés eux aussi. Les revenus tirés des forêts de mangroves par la collecte de miel et la pêche ne peuvent pas être durables si l'on ne garantit pas une croissance et un habitat équilibrés des mangroves.

Je citerai l'exemple de Mashkura, accueillie dans une clinique de Friendship. Cette jeune femme était mise au ban par sa famille parce qu'elle avait eu trois fausses couches. Les médecins ont compris que ses fausses couches avaient été causées par une consommation continue d'eau non potable dans son village. L'eau salée, infiltrée à travers les digues non protégées, avait en effet contaminé les sources d'eau potable pendant des années. Grâce à une installation en eau potable provenant de l'usine de traitement des eaux de Friendship, Mashkura a pu mener une quatrième grossesse sereinement et son enfant est né en bonne santé.

Dans un autre volet de nos programmes, nous avons sensibilisé nos bénéficiaires à la question des zoonoses, en leur expliquant par exemple qu'il fallait éviter de consommer la sève brute du palmier-dattier et en utiliser une jupe en bambou lors de la collecte. Cette sensibilisation a été un succès car nous n'avons eu aucun cas de Nipah dans nos zones de travail l'année dernière[1]. Un autre volet de nos programmes, dans le cadre de nos activités de secours et de réhabilitation, est l'apprentissage de la natation, qui évite aux enfants de se noyer.

Une approche résolument inclusive

En matière d'aide à l'agriculture dans une approche inclusive, nous avons également développé des formations en gestion d'entreprise et en agriculture, qui ont permis aux familles d'augmenter leurs revenus de 67 % en deux ans.

Parallèlement aux interventions agricoles visant à réduire la pauvreté, nous avons œuvré à l'autonomisation des populations pour leur permettre d'accéder aux services socio-économiques vitaux là où ils se trouvent. Notre système d'éducation innovant a permis d'améliorer la scolarisation des enfants de 5 à 95 % dans certains villages.

Alors que l'humanité tout entière a progressé au cours des dernières décennies en matière de mortalité infantile, de traitements médicaux et de seuil de pauvreté, elle est rattrapée par une seule pandémie. Celle-ci a fait reculer un pays comme le Bangladesh, qui compte 24,5 millions de nouveaux pauvres, soit un

1. Dans les flambées survenues ensuite au Bangladesh et en Inde, la source la plus probable d'infection au virus Nipah est la consommation de fruits ou de produits dérivés (par exemple, jus brut de palmier-dattier) contaminés par de l'urine ou de la salive de chauves-souris infectées (https://www.who.int/fr/news-room/fact-sheets/detail/nipah-virus).

taux de pauvreté accru de 42 %. Pouvons-nous vraiment nous permettre de reculer continuellement parce que nous causons des dommages à l'environnement et négligeons les soins aux animaux ?

La santé humaine est liée à l'ensemble du Vivant. Nous avons tous un droit sur cette planète. Les humains doivent l'accepter avec respect. Nous devons tenir compte de l'écosystème de tous les éléments nécessaires à la survie, afin que la santé humaine ne soit pas une priorité isolée qui nous affaiblit en cas de crise. Notre santé dépend de notre mode de vie.

Le succès de la recherche intégrée : l'exemple africain de l'ICIPE

Daniel Masiga, Chercheur, Chef de l'unité Santé animale et chef par intérim de l'unité Santé humaine au Centre international de physiologie et d'écologie des insectes (ICIPE), docteur en biologie moléculaire.

Le Centre international de physiologie et d'écologie des insectes (ICIPE, International Centre of Insect Physiology and Ecology) est la seule institution en Afrique qui se consacre principalement à la recherche et au développement (R&D) sur les insectes et autres arthropodes. Depuis sa création il y a plus de cinquante ans, le centre a adopté le concept de « One Health » (Santé Unique) sous diverses formes, dans l'optique de contribuer à la sécurité alimentaire et économique de communautés bien nourries et en bonne santé, tout en protégeant l'environnement.

Par son travail scientifique sur les vecteurs de maladies et les ravageurs des cultures, l'ICIPE développe et met à disposition des technologies, des outils et des stratégies de gestion qui sont sûrs pour l'environnement, tout en restant accessibles et réalisables sur les plans économique et technique. L'ICIPE se distingue par son approche reposant sur quatre axes de recherche en s'attaquant aux défis de la santé humaine, de la santé animale, de la santé végétale et de la santé environnementale d'une manière holistique et intégrée. Ce cadre permet aussi d'aligner les activités du Centre sur les Objectifs de développement durable (ODD) des Nations unies et sur l'Agenda 2063 de l'Union africaine.

Protéger les récoltes par des cultures intercalaires intelligentes

La technologie *push-pull* repose sur une approche stimulo-dissuasive consistant à intercaler des céréales avec une plante répulsive pour les ravageurs qui chasse ceux-ci ou les dissuade de s'approcher de la culture alimentaire cible *(push)*. Une plante piège attractive est plantée en bordure de cette culture intercalaire pour attirer et piéger *(pull)* les insectes nuisibles. Ainsi, la culture alimentaire est protégée de ces derniers. Actuellement, les cultures intercalaires intelligentes du point de vue climatique et rigoureusement sélectionnées sont des variétés d'une légumineuse, le desmodium *(push)*, et d'une herbe, la brachiaria *(pull)*. Le desmodium stimule aussi la « germination suicide » du striga, mauvaise herbe parasite, et en inhibe la croissance. En outre, le *push-pull* réduit les dommages causés aux céréales par un autre ravageur, le légionnaire d'automne, un papillon très envahissant et destructeur, en particulier pour le maïs. Parmi les autres avantages de cette technique, citons l'augmentation de la production laitière, puisque les deux cultures intercalaires fournissent du fourrage de haute qualité pour les animaux. Autre atout : le desmodium est un fixateur d'azote efficace qui améliore la fertilité des sols. Enfin, ces deux plantes étant pérennes, leur combinaison permet de conserver l'humidité du sol et d'améliorer sa santé. De plus, le *push-pull* réduit la présence de champignons de la moisissure de l'épi qui peuvent contaminer le maïs par les mycotoxines avant la récolte.

Lutter plus efficacement contre le paludisme

Les initiatives de gestion intégrée des vecteurs (GIV) de l'ICIPE permettent également de suppléer aux approches à intervention unique dans la lutte contre les moustiques et le paludisme. Elles utilisent les outils et les stratégies du Centre – comme les larvicides écologiques et les pièges à moustiques alimentés par des énergies renouvelables –, en combinaison avec les méthodes préventives classiques telles que les moustiquaires imprégnées. Ces projets sont spécifiques aux contextes écologiques de l'Afrique, guidés, entre autres, par la connaissance du lien entre la reproduction des moustiques, les activités socio-économiques et les modifications de l'usage des terres. L'adoption d'une approche multisectorielle permet aux communautés de sélectionner et de concevoir des systèmes de contrôle écologiques, économiques, socialement acceptables et réalisables.

La connaissance et la prévention des zoonoses

En Afrique, le bétail vit à proximité des habitations humaines, ce qui augmente le risque de transmission des maladies tropicales négligées (MTN), qui sont des zoonoses, transmises par des insectes se nourrissant de sang. Actuellement, le portefeuille des MTN de l'ICIPE comprend la leishmaniose, la tungose et la schistosomiase ; la fièvre jaune, la dengue, la fièvre de la vallée du Rift et la fièvre africaine due à la morsure de tique. Le Centre développe des connaissances sur la diversité, le comportement et l'écologie des vecteurs, la biologie des parasites, l'épidémiologie des maladies et l'écologie de la transmission. D'autres savoirs portent sur les réseaux de transmission des virus parmi les arthropodes[1] ; les preuves d'infections par des agents pathogènes chez l'homme, le bétail et la

1. Arbovirus, virus transmis à l'Homme par des arthropodes hématophages (moustiques, tiques, phlébotomes ou culicoïdes).

faune sauvage; l'effet de la perte de la faune sauvage sur le risque de maladie chez l'homme; la dynamique de l'interface homme-bétail-faune sauvage. Le Centre teste également de nouvelles interventions de Santé Unique à l'échelle communautaire. Par exemple, il développe des outils basés sur des souches de champignons entomopathogènes, *Metarhizium anisopliae,* efficaces contre les moustiques, les phlébotomes, les tiques et les mouches tsé-tsé.

Grâce à ses connaissances ethnologiques et scientifiques très poussées, l'ICIPE est un des leaders mondiaux dans le secteur émergent de l'usage des insectes pour l'alimentation humaine et animale et pour d'autres usages qui concrétisent la transition vers une agriculture plus verte : par exemple, le recyclage des déchets, la production d'engrais organiques et la lutte contre les parasites ; le centre expérimente des sources alternatives, plus abordables et plus nutritives d'aliments pour les personnes et le bétail, de produits médicinaux et d'huiles de cuisson et cosmétiques de qualité supérieure. Le Centre développe des produits innovants et de haute qualité, soutenus par des chaînes de valeur inclusives et efficaces, des technologies, des législations, l'émergence de petites et moyennes entreprises basées sur les insectes.

Au Sénégal, le projet Thiellal

Marie Edan (Agence française du développement), **Seydou Badji**, (AVSF Vélingara), **Babacar Gueye** (Solthis Vélingara), **Manuelle Miller** (AVSF)

En peulh, « Santé pour tous » se dit Thiellal. C'est le nom du projet « One Health » mené dans le département de Vélingara, en Casamance, au Sénégal. Dans cette zone, les mauvais usages de médicaments et produits phytosanitaires ont d'importantes conséquences sur la santé des habitants, des animaux et de l'environnement. Thiellal a pour objectif de permettre aux populations de comprendre tous les enjeux des santés de ce territoire et de s'en approprier une bonne gestion.

Vélingara est une zone frontalière de la Gambie et des deux Guinées, lieu d'une forte circulation des hommes et des animaux, qui présente une diversité d'écosystèmes : elle se trouve à proximité de la plus grande aire forestière protégée du Sénégal. Les productions agricoles du territoire, très variées (coton, maraîchage, riziculture, différents types d'élevage) sont fortement consommatrices d'intrants chimiques.

L'un des herbicides les plus utilisés, le Glyphader, est surnommé *Pompa Joodo* en peulh, soit « pomper et s'asseoir » en français. Autrement dit, l'efficacité du produit est telle que l'agriculteur « n'a pas à se fatiguer » : les produits chimiques sont perçus comme une économie du temps de travail. Leur nocivité pour les sols et l'environnement est totalement inconnue des fermiers. Fait aggravant : ces produits phytosanitaires sont souvent issus de circuits non officiels, favorisés par la porosité des frontières.

Autre enjeu de santé publique : l'automédication et l'approvisionnement hors circuits officiels de produits pharmaceutiques. À titre d'exemple, en avril dernier, les agents du service départemental des douanes de Vélingara ont saisi l'équivalent de 20 500 euros de médicaments frauduleux.

Côté santé animale, les pratiques sont particulièrement alarmantes : beaucoup d'éleveurs s'approvisionnent directement sur les marchés hebdomadaires et disposent de leurs propres seringues pour des interventions directes sur leur bétail malade. Les auxiliaires vétérinaires, dont la majeure partie n'a pas reçu de formation depuis plus d'une vingtaine d'années, ne maîtrisent pas assez la connaissance de certaines maladies, ni l'usage correct de nouveaux antibiotiques.

Le projet Thiellal, mené par trois ONG – Agronomes et Vétérinaires Sans Frontières (AVSF), Solidarité Thérapeutique et Initiatives pour la Santé (Solthis) et le Comité d'appui et de soutien au développement économique et social en Casamance (Casades) – financé par l'AFD[1], mène plusieurs actions de sensibilisation à l'utilisation non raisonnée des produits chimiques, en particulier les antibiotiques en santé humaine et animale et les pesticides, auprès des communautés qui n'en mesurent pas les conséquences pour des raisons culturelles, techniques ou économiques. Thiellal associe tous les acteurs – relais de santé animale ou humaine, associations de producteurs et productrices – aux différentes étapes du déploiement du projet, du diagnostic participatif à la mise en place de pratiques alternatives. Il s'appuie sur les stratégies paysannes. C'est le cas des utilisations des nimes, du tabac, en lutte phytosanitaire, ou des pratiques ethnovétérinaires (comme l'usage de certaines plantes à des fins de traitements sanitaires). Autre exemple : la production, dans les champs-écoles paysans, de plantes médicinales, comme l'artémisia ou le moringa, pour développer une filière rémunératrice.

L'ensemble du projet est mené en concertation avec les autorités locales, régionales et nationales, et avec plusieurs institutions de recherche et d'enseignement de plusieurs disciplines. Il s'agit d'identifier les problèmes et d'apporter des solutions adaptées pour chaque commune, avec une approche intégrée des acteurs de santé (humaine, animale, environnementale). L'idée est de proposer des modules transversaux qui s'adressent en même temps aux professionnels et aux paraprofessionnels des différents secteurs.

1. Dans le cadre d'une réponse à un appel à proposition de la Facilité d'innovation sectorielle pour les ONG (FISONG) : Les financements des projets des ONG | AFD - Agence française de développement.

Le concept de la Double Pyramide et le projet « Su-Eatable Life » de la Fondation Barilla

Silene Casari, Médecin pédiatre spécialisée dans la nutrition, chercheure au sein de la Barilla Center for food and nutrition (BCFN).

Katarzyna Dembska, Directrice de projets de recherche, spécialisée en diététique, BCFN.

Marta Antonelli, Membre du groupe d'experts de la Commission européenne pour le cadre légal du projet Farm to Fork, directrice de recherche à la BCFN.

L'alimentation affecte chacun des éléments de notre vie, de la santé et du bien-être jusqu'à l'état des ressources environnementales, en passant par le développement socioéconomique, la culture et la stabilité sociale.

Les systèmes alimentaires ne parviennent pas à fournir aujourd'hui une alimentation adéquate et équitable pour tous, tout en représentant une charge insoutenable pour les écosystèmes et les ressources naturelles. La sous-nutrition touche des centaines de millions de personnes dans le monde[1], tandis que le surpoids et l'obésité sont en augmentation dans presque tous les pays. Au niveau planétaire, l'alimentation de la population mondiale représente actuellement de 21 à 37 % du total net des émissions de gaz à effet de serre (GES) d'origine anthropique[2] et 70 % des prélèvements d'eau douce. Le coût d'une alimentation saine est encore trop élevé pour être accessible à tous, en particulier aux populations les plus vulnérables, et plus de 1 milliard de tonnes de nourriture sont gaspillées chaque année dans le monde[3].

Les choix alimentaires constituent un puissant levier pour inverser ces tendances : des régimes alimentaires sains et durables peuvent améliorer la santé, le bien-être et la longévité tout en respectant les ressources planétaires et en réduisant les émissions de GES liées à l'alimentation[4]. La santé et l'environnement doivent faire l'objet d'une approche commune lorsque l'on aborde les systèmes alimentaires de la ferme à la fourchette, dans le cadre d'une approche « Santé Unique » où les santés humaine, animale et environnementale sont interconnectées[5].

Dans ce contexte, la « Double Pyramide de la santé et du climat » *(figure ci-après)* encourage les modes d'alimentation sains et durables par une information immédiate et claire[6]. La Pyramide de la Santé est basée sur une analyse de la

1. FAO, I. The State of Food Security and Nutrition in the World 2020: Transforming Food Systems for Affordable Healthy Diets. FAO, IFAD, UNICEF, WFP and WHO, 2020. doi:10.4060/ca9692en.
2. IPCC. Climate Change and Land: An IPCC Special Report on Climate Change, Desertification, Land Degradation, Sustainable Land Management, Food Security, and Greenhouse Gas Fluxes in Terrestrial Ecosystems. 2019. Disponible sur https://www.ipcc.ch/srccl.
3. FAO. The State of Food and Agriculture 2020: Overcoming Water Challenges in Agriculture. FAO, 2020. doi:10.4060/cb1447en.
4. WWF. Planet-Based Diets | WWF. Planet-Based Diets – Sci.-Based Platform. Encourage Diets Are Good People Planet. Disponible sur https://planetbaseddiets.panda.org.
5. American Veterinary Medical Association. « One Health » : A New Professional Imperative. 2008. Disponible sur https://www.avma.org/resources-tools/reports/one-health-ohitf-final-report-2008.
6. Barilla Foundation & Research Unit on Nutrition, Diabetes and Metabolism, University of Naples Federico II, 2021. A « One Health » Approach to Food, the Double Pyramid Connecting Food Culture, Health and Climate.

La Double Pyramide de la santé et du climat

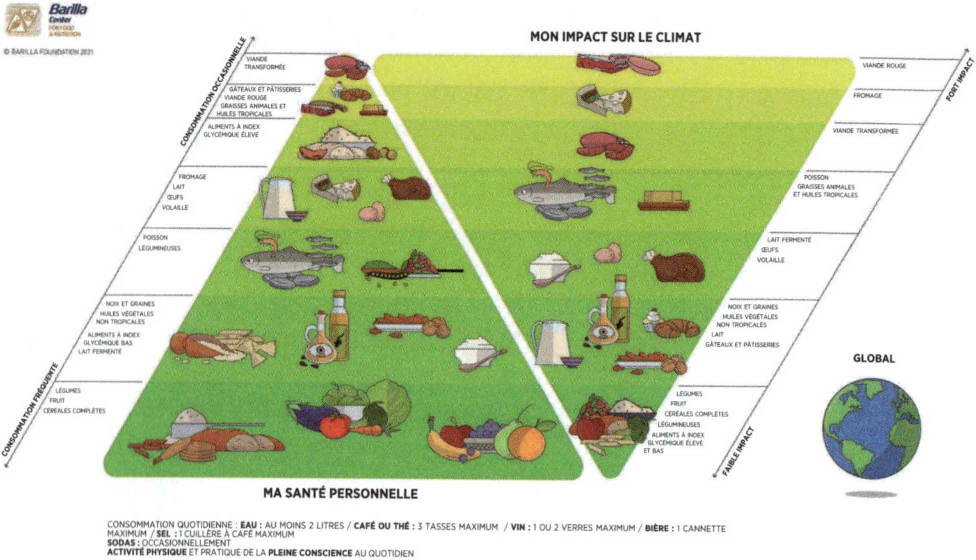

littérature scientifique et regroupe les aliments selon leur origine – animale (viandes, œufs, poissons, produits laitiers) ou végétale (céréales, légumineuses, légumes, fruits, noix) – et leurs caractéristiques nutritionnelles. Dix-huit catégories sont organisées en sept strates suggérant un rythme de consommation selon leur impact sur la santé, en particulier sur risque de maladies cardiovasculaires, la cause la plus importante de décès et d'invalidité dans le monde. La base de la Pyramide de la santé comprend les aliments qui devraient être consommés plus souvent, comme les fruits, les légumes et les céréales complètes, tandis que le sommet présente les aliments à consommer modérément, telle la viande transformée. La « Pyramide du climat » classe les différents aliments en fonction de leur empreinte carbone (exprimée équivalent émissions CO_2-eq) et montre que les aliments recommandés plus fréquemment pour notre santé sont également ceux dont l'impact climatique est relativement faible, en cohérence avec l'approche Santé Unique. Les systèmes alimentaires entretiennent la santé humaine tout en contribuant à la durabilité environnementale.

La « Double Pyramide de la santé et du climat » vise aussi à établir un lien entre les recommandations alimentaires mondiales et les contextes locaux en honorant la richesse et la diversité des cultures et traditions alimentaires à travers le monde, en tirant parti des synergies entre la culture, l'alimentation et l'éducation pour le développement durable. Ainsi, sept doubles pyramides culturelles ont été élaborées afin d'englober les multiples versions de régimes durables et sains ; cela montre que ces modèles d'organisation alimentaire peuvent être adoptés partout, d'une façon accessible, abordable, sûre, équitable et culturelle. Célébrer la richesse des différentes traditions culinaires peut favoriser une nouvelle approche d'une alimentation durable.

La « Double Pyramide » fournit également des recommandations clés pour les décideurs publics, soulignant en particulier l'importance d'inclure la durabilité et la santé dans toutes les politiques et tous les secteurs, de promouvoir et de reconnecter la durabilité avec les traditions, et d'orienter les infrastructures et les subventions agricoles vers des systèmes alimentaires durables.

Le lien entre santé et environnement développé par le modèle de la « Double Pyramide » a été appliqué pour inciter les citoyens européens à adopter un régime alimentaire durable dans le cadre du projet Su-Eatable Life[1], financé par l'Union européenne, afin d'atteindre une réduction substantielle des émissions de gaz à effet de serre et de l'empreinte hydrique liées à l'alimentation.

Le projet, en collaboration avec GreenApes[2], l'Université de Wageningen[3] et la Sustainable Restaurant Association[4], comprend une série d'expériences dans des cantines d'entreprises et d'universités au Royaume-Uni et en Italie, avec des activités à différentes étapes. Au niveau du service alimentaire, l'achat et la préparation des aliments sont revus pour garantir une offre quotidienne d'aliments bons et durables. À l'échelle des consommateurs, la diffusion d'outils d'information est associée à une plateforme numérique qui fait participer les clients des cantines à des défis et des concours, renforçant l'acquisition de compétences pour des choix alimentaires durables.

1. Su-Eatable Life : Reducing Carbon Emissions in the EU Through Sustainable Diets. LIFE16 GIC/IT/000038. Disponible sur http://www.sueatablelife.eu.
2. https://www.greenapes.com
3. https://www.wur.nl/en/Research-Results/Chair-groups/Social-Sciences/Health-and-Society.htm
4. https://thesra.org

L'impact environnemental moyen des utilisateurs des cantines participant au projet a considérablement diminué (jusqu'à 32 %), avec une réduction d'environ un demi-kilogramme d'équivalent CO_2 et l'économie (projetée) de près de 390 litres d'eau par personne et par repas, en comparaison avec l'empreinte moyenne d'un repas consommé par les citoyens européens. Cela vient démontrer encore davantage que les choix alimentaires sont un levier essentiel pour atteindre la réduction de CO_2 de l'UE d'ici 2030, et que les citoyens doivent s'engager en mobilisant les différents acteurs du système alimentaire, qui contribuent à la création d'un environnement où les régimes alimentaires durables sont le choix le plus facile, le plus attrayant et le plus savoureux.

Valoriser les déchets agricoles

Le projet européen Agrimax est la conception de bioraffineries flexibles, pour transformer et valoriser les résidus et les sous-produits de l'agriculture et de l'industrie alimentaire ; une plateforme en ligne y est adossée : elle met en relation les parties prenantes de l'ensemble de la chaîne d'approvisionnement et de production. Les agriculteurs y vendent leurs déchets, qui sont récupérés comme matières premières et transformés par des utilisateurs finaux des secteurs de l'alimentation, de l'emballage ou de la chimie en produits à haute valeur ajoutée.

De nombreux programmes sont en cours de déploiement en Espagne et en Italie. Parmi eux, une usine de traitement des résidus d'olives pour développer de nouveaux produits pour les secteurs de l'alimentation et de l'emballage, dans le nord de l'Espagne. L'usine valorisera 90 % des grignons et des feuilles d'olives qui lui seront livrés. Un potentiel de recyclage important pour les producteurs : la transformation d'une tonne d'olives génère jusqu'à 800 kg de grignons.

Environ un tiers des denrées alimentaires produites chaque année sont gaspillées, dont une grande partie au niveau des champs et de la transformation des aliments. Au niveau mondial, les pertes représentent environ 936 milliards de dollars et sont responsables de 8 % de toutes les émissions mondiales de gaz à effet de serre.

https://agromax.iris.cat/

L'engagement de la Banque mondiale dans la Santé Unique

Franck Berthe, Spécialiste senior élevage à la Banque mondiale, docteur en biologie moléculaire, vétérinaire.

Lucia Avila Bedregal, Consultante agriculture et pratiques alimentaires pour la Banque mondiale.

La pandémie de Covid-19 a profondément bouleversé notre monde et est l'un des plus grands défis de santé publique des dernières décennies. Mais l'émergence de maladies zoonotiques n'est pas nouvelle et n'est pas finie. Chaque année, près de 2,5 milliards de cas d'infections zoonotiques surviennent chez l'homme, causant au moins 2,2 millions de décès, principalement dans les pays à revenu faible ou intermédiaire[1]. Il existe environ 1,7 million de virus animaux non identifiés, dont la moitié est susceptible d'affecter l'homme[2]. N'importe lequel d'entre eux pourrait être à l'origine de la prochaine pandémie. Mais celle-ci peut être évitée, ou du moins contenue, en investissant dans le « One Health » (« Santé Unique »). La pandémie de Covid-19 a porté un coup sans précédent aux efforts mondiaux de réduction de la pauvreté, faisant basculer environ 100 millions de personnes supplémentaires dans l'extrême pauvreté depuis le début de la crise. Dans ce contexte, la Banque mondiale a renforcé son programme « Santé Unique », résultant d'un travail de plaidoyer et d'analyse qui repose sur le principe que la « Santé Unique » est un bien public planétaire. La Banque mondiale poursuit son travail d'analyse, de promotion et d'opérationnalisation d'une approche « Santé Unique » pour réduire les risques de pandémie, en collaboration avec les pays partenaires, les institutions techniques, les organisations internationales et les donateurs.

Le portefeuille de prêts de la Banque mondiale couvre pour 1,5 milliard de dollars des opérations à finalité « Santé Unique », par le biais de projets qui incluent des approches intersectorielles pour de meilleurs résultats sanitaires. Par ailleurs, il existe un nombre croissant de projets « Santé Unique » centrés exclusivement sur la réduction de risques émergents dans les interfaces santé humaine, animale et environnementale[3].

Plusieurs projets concrets ont déjà ouvert la voie. En 2016, la Banque a soutenu les pays d'Afrique de l'Ouest avec une série d'opérations dans le cadre du programme de Renforcement des systèmes régionaux de surveillance des maladies (REDISSE) afin d'améliorer les capacités intersectorielles nationales et régionales

---

1. Grace, D., Mutua, F., Ochungo, P., Jones, K., Brierley, L., *et al.*, 2012. *Mapping of poverty and lively zoonoses hotspots. Zoonoses Project 4. Report to Department for International Development, UK.* ILRI, ZSL, Hanoi School of Public Health. URL : https://cgspace.cgiar.org/bitstream/handle/10568/21161/ZooMap_July2012_final.pdf?sequence=4&isAllowed=y
Allen, T., Murray, K. A., Zambrana-Torrelio, C., *et al.*, 2017. *Global hotspots and correlates of emerging zoonotic diseases.* Nat. Commun. 8, 1124. URL : https://doi.org/10.1038/s41467-017-00923-8
2. Carroll *et al.*, 2018. URL : https://www.science.org/doi/10.1126/science.aap7463
3. World Bank, 2021, *Safeguarding Animal, Human and Ecosystem Health : « One Health » at the World Bank.* URL : https://www.worldbank.org/en/topic/agriculture/brief/safeguarding-animal-human-and-ecosystem-health-one-health-at-the-world-bank

de surveillance collaborative des maladies et de préparation aux épidémies. Le programme s'est concentré sur : 1) l'amélioration des systèmes nationaux de surveillance et de monitoring ainsi que sur leur interopérabilité à différents niveaux du système de santé ; 2) le renforcement des réseaux de santé publique, vétérinaires et laboratoires privés pour le diagnostic des maladies infectieuses humaines et animales, et la création d'une plateforme afin d'améliorer la collaboration en matière d'investigation ; 3) le soutien des efforts nationaux et régionaux pour améliorer la préparation et la capacité de réponse aux épidémies de maladies infectieuses ; 4) l'amélioration de la gestion des ressources humaines ; et 5) le développement des capacités, la gestion de projet, la coordination et le plaidoyer[1]. À ce jour, la promotion de l'approche « Santé Unique », intégrée dans la conception de ce programme, facilite la coordination et la collaboration entre les secteurs de la santé humaine, animale et environnementale.

Aux États-Unis, un partage de connaissances entre acteurs de santé publique et jeunes agriculteurs

Le Center for Disease Control and Prevention (CDC) est le centre fédéral de recherche en santé publique américaine. Il a pour objectif premier de détecter et lutter contre les maladies, et particulièrement les épidémies. Parmi ses actions, le CDC a mis en place un réseau national de centres pour la sécurité et la santé en agriculture (Centers for Agricultural Safety and Health), pour les travailleurs des secteurs agricole, forestier et de la pêche.

Il a également créé le programme « Youth in Agriculture » destiné aux jeunes agriculteurs américains. Objectifs : améliorer leur connaissance des épidémies et prévenir la propagation de zoonoses transmises par le bétail ; faire connaître le rôle de la santé publique et animale dans la prévention des maladies et renforcer la collaboration interétatique par des partenariats et le partage d'outils et de ressources développés. Parmi les programmes les plus avancés, celui mené par l'Upper Midwest Agricultural Health and Safety Center (UMASH), qui utilise l'approche « One Health » dans ses projets spécifiques et concrets : pour soutenir la santé mentale des agriculteurs dans les périodes de sécheresse ou prévenir les dangers sanitaires d'exploitations laitières.

1. World Bank, 2016, *Regional Disease Surveillance Systems Enhancement (REDISSE)*. Project Appraisal Document. URL : https://documents.worldbank.org/en/publication/documents-reports/documentdetail/965001467305866621/africa-regional-disease-surveillance-systems-enhancement-redisse-project

Le CDC encourage également des projets novateurs. Au Minnesota, les bénéficiaires ont ainsi créé un jeu de société liant santé et agritourisme, « Adventures in Agritourism. Farmstead Enterprise », distribué à 33 000 jeunes.

https://www.cdc.gov/

Forte de son expérience, la Banque mondiale a publié un cadre opérationnel qui aide les pays et les groupes de travail à comprendre les valeurs de l'approche « Santé Unique », à établir le dialogue politique, à identifier les points d'entrée de projets « Santé Unique », à élargir l'analyse économique et financière, à sélectionner des outils et des partenaires techniques, parmi de nombreux autres recommandations pratiques de la conception à la mise en œuvre[1].

Les principes de « Santé Unique » ont également été une caractéristique du Plan stratégique de préparation et de réponse multiphase de la Banque mondiale au Covid-19, lancé en mars 2020. Ce programme offre une réponse rapide et flexible, en aidant les pays à renforcer leur protection contre la pandémie et leurs systèmes de soins de santé à plus long terme[2]. Plusieurs projets élus à ce programme ont adopté l'approche « Santé Unique ». C'est le cas d'un programme à São Tomé-et-Príncipe, où des investissements importants pour améliorer les dispositifs de prévention et d'action pour les urgences de santé publique dans l'approche « Santé Unique ». Le projet vise aussi à améliorer les systèmes d'information sur les zoonoses, notamment l'analyse intégrée des données de surveillance de la santé animale pour l'alerte précoce et la réaction rapide. Autre exemple, le Projet de prévention, de préparation et de réponse aux maladies infectieuses émergentes en Chine, qui va renforcer une sélection de dispositifs nationaux et régionaux afin de piloter une approche multisectorielle pour réduire le risque de zoonoses et d'autres menaces sanitaires émergentes.

Il est essentiel de récolter les succès de ces projets pour maintenir la dynamique. Le soutien de la Banque mondiale aux investissements dans le cadre de l'initiative « Santé Unique » peut contribuer à faire progresser les initiatives nationales et à renforcer la résilience des systèmes de santé publique et la sécurité sanitaire globale.

1. Berthe, F., Bouley, T., Karesh, W., *et al.* 2018, *Operational Framework for strengthening human, animal, and environmental public health systems at their interface.* World Bank. URL : https://documents.worldbank.org/en/publication/documents-reports/documentdetail/703711517234402168/operational-framework-for-strengthening-human-animal-and-environmental-public-health-systems-at-their-interface
2. World Bank, 2021, *op. cit.*, note 3.

Autres programmes scientifiques, académiques et associatifs à travers le monde

Outre les programmes détaillés dans les pages précédentes, différentes initiatives et projets travaillent à la recherche ou à l'implantation de projets concrets d'application de Santé Unique à travers le monde.

États-Unis

➢ Le Center for Disease Control and Prevention (CDC), première agence officielle consacrée à la Santé Unique au niveau fédéral, créé en 1946. Le centre, basé à Atlanta, travaille étroitement avec l'OIE et la FAO dans leurs programmes « One Health ».

➢ Le Planetary Health Alliance, consortium de plus de 240 universités, ONG, instituts de recherche et entités gouvernementales du monde entier qui s'engagent à comprendre et à traiter le changement environnemental global et ses impacts sur la santé.

Europe

➢ Le Network for Evaluation of « One Health » (NEOH), programme européen de coopération scientifique et technologique pour l'évaluation d'initiatives « One Health ».

➢ Le projet HERA, qui fixe les priorités d'un programme de recherche sur l'environnement, le climat et la santé dans l'UE pour l'agenda 2021-2030 ; il réunit 15 pays et 24 partenaires académiques et institutionnels.

➢ Le Dim 1Health en Île-de-France, projet scientifique qui cible les actions impliquées dans la chaîne « dépistage-surveillance-traitement-prévention-prédiction », qui prend en compte la demande sociétale et croise les recherches entre acteurs d'institutions différentes.

➢ La mise en place du groupe de suivi « Une seule santé » du 4e Plan national santé environnement (PNSE 4), ministère de la Transition écologique (France).

Le monde de l'éducation et de l'enseignement supérieur s'intéresse également désormais au champ spectral interdisciplinaire du « One Health ». Nombre d'universités et d'instituts de recherche proposent depuis quelques années des programmes dédiés.

CONCLUSION

La Santé Unique pour un avenir alimentaire sain

Maria Helena Semedo, Directrice générale adjointe de l'Organisation des Nations unies pour l'alimentation et l'agriculture (FAO).

La « Santé Unique » (« One Health ») concerne tous les habitants de notre planète. Les crises existentielles auxquelles nous sommes confrontés exigent une transformation de nos systèmes agroalimentaires, qui ne peut être réalisée par des individus ou des acteurs isolés, mais nécessite l'association de connaissances, d'expertises et d'esprits d'innovation à tous les niveaux de la société dans un processus cocréatif de « Santé Unique ».

Les systèmes agroalimentaires, y compris l'agriculture, ont été identifiés comme l'un des principaux contributeurs aux défis de santé pour les êtres humains, les animaux, les plantes et les écosystèmes (FAO, 2016, Benton *et al.*, 2021; Mbow *et al.,* 2019; Lassaletta *et al.,* 2016; Banque mondiale, 2017). Leur transformation pourrait sans doute être le plus puissant levier d'actions positives pour la santé. L'agriculture subit fortement par les conséquences des changements écologiques et des émissions de gaz à effet de serre. Les catastrophes comme les sécheresses, les inondations, les tempêtes, les parasites, les maladies et les infestations ont des effets destructeurs sur les productions agricoles, le vivant et la sécurité alimentaire et nutritionnelle (FAO, n.d.). De plus, le déséquilibre des cycles d'azote et de phosphore entraîne des modifications des écosystèmes et compromet la production. Les pratiques irresponsables, aux dommages irréversibles pour la santé des hommes, des animaux, des plantes et des écosystèmes, doivent impérativement être transformées par des pratiques aux impacts positifs. Il est vraiment temps de convertir l'agriculture pour en faire l'atout clé d'une économie circulaire.

La mise en place de meilleures pratiques agricoles se reflète dans l'ambition « meilleure production » inscrite dans le cadre stratégique 2022-2031 de la FAO. Repenser les systèmes agroalimentaires mondiaux et les structures de gouvernance associées à travers une amélioration des pratiques agricoles (comme l'agriculture de régénération des sols, les solutions fondées sur la nature, l'agroécologie, l'agriculture de conservation) peut changer la donne dans la quête de durabilité et de santé pour tous. De telles améliorations, dans les systèmes agroalimentaires, constituent un lien important entre les personnes, les animaux et la nature. Outre la production de matières premières de bonne qualité pour l'alimentation humaine et animale, ces « nouvelles » pratiques peuvent contribuer à retrouver des ressources naturelles saines et renforcer la santé des hommes, des animaux, de services écosystémiques, de la biodiversité, et de l'ensemble du vivant. Le passage à l'échelle de ces pratiques dépend toutefois de transformations systémiques dans le système agroalimentaire au sens large ; cet effort doit notamment être soutenu par une réformation des mécaniques de subvention et de l'élaboration des politiques agricoles (FAO, PNUD et PNUE, 2021), la mise en œuvre de régimes alimentaires sains et durables (FAO et OMS, 2019), la bonne gouvernance dans les centres urbains (Tefft *et al.*, 2020), la lutte contre le gaspillage et les pertes alimentaires (FAO, 2019) et un financement adéquat et responsable (FAO, 2017).

La pandémie de Covid-19 a braqué une lumière crue sur les interdépendances de nos systèmes agroalimentaires et a exposé les vulnérabilités à tous les niveaux. Elle nous rappelle notre responsabilité collective et la nécessité de repenser la manière dont les aliments sont produits, distribués, consommés et jetés. En raison de la complexité inhérente aux systèmes alimentaires et de la nature multidimensionnelle de la santé et de la durabilité, différentes interprétations et solutions souhaitées prévalent – et parfois s'opposent. Des solutions simples de type gagnant-gagnant sont rares (Béné *et al.*, 2019). La communauté internationale doit trouver des solutions exploitables dans un contexte de complexité et d'intérêts particuliers où des compromis doivent être négociés et des décisions sociétales difficiles doivent être prises. C'est pourquoi nous avons besoin d'une approche transformatrice et holistique pour l'avenir de nos systèmes agroalimentaires. C'est pourquoi nous avons besoin d'une « Santé Unique ».

L'approche « Santé Unique » a évolué grâce à la compréhension de l'interdépendance entre la santé et le bien-être des personnes et de tous les animaux, plantes et écosystèmes. Elle peut être utilisée dans le cadre d'une démarche de transformation visant le développement des pratiques agricoles durables et améliorant la santé du vivant par la prévention, la surveillance et l'atténuation des risques sanitaires. Interdisciplinaire et multisectorielle, l'approche « Santé Unique » conduit les praticiens et les chercheurs à développer différents moyens pour traiter de possibles incidences multicritères, à équilibrer les compromis et à gérer les demandes de plusieurs acteurs et les conséquences indésirables. Ces compétences sont nécessaires lorsqu'on s'efforce d'assurer la sécurité alimentaire et nutritionnelle, l'équilibre des régimes alimentaires, la sécurité alimentaire, les moyens de subsistance, l'autonomisation, la santé et le bien-être animal tout en restant dans les limites planétaires sûres définies par Rockström *et al.* (2009).

La « Santé Unique » apparaît bien comme une réponse adaptée et une contribution essentielle à la réalisation du Programme de développement durable 2030 de l'ONU et des objectifs de développement durable. Des travaux pertinents sont déjà en cours. Ainsi, les organisations de l'Alliance tripartite (FAO, OMS, OIE) travaillent ensemble aux niveaux mondial et national, dans tous les secteurs, pour relever le défi de la résistance antimicrobienne et appuyer le déploiement du Plan d'action mondial. De même, l'Alliance tripartite renforce la capacité à gérer les risques de zoonoses au niveau national par le biais de programmes de coordination multisectorielle pour des maladies telles que les grippes zoonotiques, la rage, le coronavirus du syndrome respiratoire du Moyen-Orient, la fièvre de la vallée du Rift et la pandémie actuelle de SRAS-CoV-2. Afin de soutenir davantage les pays dans la mise en œuvre opérationnelle de l'initiative « Santé Unique », l'Alliance déploie également plusieurs outils et platesformes, tels que le Système mondial d'alerte précoce (GLEWS, Global Early Warning System) et de réponse rapide pour les maladies ou encore le Guide tripartite pour la gestion des zoonoses (TZG, Tripartite Zoonosis Guide), afin de promouvoir une collaboration, une coordination et une communication multisectorielles durables et fonctionnelles face aux menaces zoonotiques. La FAO est fermement engagée dans la coopération pour réduire les émergences de maladies et de parasites grâce à l'approche « Santé Unique » (telle que décrite dans le domaine prioritaire de son programme « Santé Unique »), renforçant ainsi la résilience de l'environnement de production et des systèmes alimentaires.

Le récent Sommet des Nations unies sur les systèmes alimentaires a souligné l'interdépendance de la santé de tous les êtres vivants et l'importance de l'initiative « Santé Unique ». La déclaration d'action du Secrétaire général lors du Sommet des Nations unies sur les systèmes alimentaires[1] a souligné que la coopération et la collaboration, y compris l'engagement des parties prenantes concernées, sont des mécanismes essentiels pour soutenir la transformation dans cinq domaines d'action définis au niveau national.

1. https://www.un.org/en/food-systems-summit/news/making-food-systems-work-people-planet-and-prosperity

L'initiative « Santé Unique » propose une approche qui dépasse les frontières entre les disciplines et des secteurs et promeut une collaboration et une coopération plus forte. Les acteurs de l'approche « Santé Unique » possèdent les aptitudes et les outils nécessaires pour combler efficacement les connaissances partielles, comprendre complexités et imprécisions, penser de manière holistique, promouvoir le travail transdisciplinaire et permettre une action collective fondée sur l'échange, l'apprentissage et la négociation. Ainsi, l'accélération de l'initiative « Santé Unique » par une agriculture durable, associée à un changement plus large du système agroalimentaire, devrait générer des avantages à long terme grâce à des solutions inclusives qui concilient besoins à court terme avec durabilité et équité intergénérationnelles.

Consciente du potentiel de transformation de l'initiative, la FAO travaille également en étroite collaboration avec l'OIE, l'OMS et le PNUE à l'élaboration d'un plan d'action mondial de l'approche « Santé Unique », avec l'engagement de faire progresser l'action collective sur la mise en œuvre de cette initiative aux niveaux mondial, régional et national. Les quatre organisations ont établi une collaboration formelle axée sur les menaces sanitaires particulièrement associées aux interactions entre les humains, les animaux et les écosystèmes. Le prochain Plan d'action mondial offre une vision commune pour fournir un cadre global à la collaboration « Santé Unique », en aidant les pays, les organisations et les institutions actives dans cette démarche pour concentrer leurs initiatives et à atteindre l'objectif global et la vision commune d'une meilleure santé pour tous.

Un groupe d'experts de haut niveau sur l'initiative « Santé Unique » (OHHLEP, « One Health » High-Level Expert Panel), qui rassemble 26 spécialistes issus du monde entier, a été mis en place auprès de la FAO, l'OIE, l'OMS et le PNUE pour fournir des conseils et des orientations sur les questions liées à « Santé Unique ».

L'intégration de l'initiative « Santé Unique » dans la perspective plus large de la sécurité sanitaire, alimentaire et nutritionnelle mondiale et de la protection et de la durabilité des écosystèmes doit permettre de trouver des solutions et des leviers grâce et par les systèmes agroalimentaires. Elle peut aider à mettre en œuvre les objectifs décrits dans cet essai publié par planet A®, où l'agriculture se pose comme une force de transformation positive pour répondre aux défis sanitaires, sociaux, économiques et environnementaux grâce à des pratiques repensées et à l'innovation.

Sources

Béné, C., Oosterveer, P., Lamotte, L., Brouwer, I. D., de Haan, S., Prager, S. D., Talsma, E. F. & Khoury, C. K. 2019. *When food systems meet sustainability – Current narratives and implications for actions.* World Development, 113, 116–130, doi.org/10.1016/j.worlddev.2018.08.011

Benton, T. G., Bieg, C., Harwatt, H., Pudasaini, R. & Wellesley, L. 2021. *Food system impacts on biodiversity loss – Three levers for food system transformation in support of nature. Energy, Environment and Resources Programme,* Chatham House. https://www.chathamhouse.org/sites/default/files/2021-02/2021-02-03-food-system-biodiversity-loss-benton-et-al_0.pdf

FAO, 2016, *Antimicrobial resistance and our food systems : Challenges and solutions,* Rome. http://www.fao.org/3/i6106e/i6106e.pdf

FAO, 2017. *The future of food and agriculture – Trends and challenges,* Rome. http://www.fao.org/3/i6583e/i6583e.pdf

FAO, 2019. *The state of food and agriculture – Moving forward on food loss and waste reduction.* http://www.fao.org/3/ca6030en/ca6030en.pdf

FAO and WHO, 2019. *Sustainable healthy diets – Guiding principles,* Rome.

FAO, UNDP and UNEP. 2021. *A multi-billion-dollar opportunity – Repurposing agricultural support to transform food systems.* Rome. https://doi.org/10.4060/cb6562en

FAO, n.d. *Agriculture on the proving grounds – Damage and loss.* http://www.fao.org/home/digital-reports/disasters-in-agriculture/en/

Lassaletta, L., Billen, G., Garnier, J., Bouwman, A., Velázquez, E., Mueller, N. & Gerber, J. 2016. *Nitrogen use in the global food system : Past trends and future trajectories of agronomic performance, pollution, trade, and dietary demand.* Environmental Research Letters, 11. 095007. 10.1088/1748-9326/11/9/095007

Mbow, C., Rosenzweig, C., Barioni, L. G., Benton, T. G., Herrero, M., Krishnapillai, M., Liwenga, E., Pradhan, P., Rivera-Ferre, M. G., Sapkota, T., Tubiello, F. N. & Xu, Y. 2019. 'Food Security.' In : *Climate Change and Land : An IPCC special report on climate change, desertification, land degradation, sustainable land management, food security, and greenhouse gas fluxes in terrestrial ecosystems* [Shukla, P. R., Skea, J., Calvo Buendia, E., Masson-Delmotte, V., Pörtner, H.-O., Roberts, D. C., Zhai, P., Slade, R., Connors, S., van Diemen, R., Ferrat, M., Haughey, E., Luz, S., Neogi, S., Pathak, M., Petzold, J., Portugal Pereira, J., Vyas, P., Huntley, E., Kissick, K., Belkacemi, M. & Malley, J. (eds.)].

Rockström, J., Steffen, W., Noone, K., Persson, Å., Chapin, F. S. III, Lambin, E., Lenton, T. M., Scheffer, M., Folke, C., Schellnhuber, H., Nykvist, B., De Wit, C. A., Hughes, T., van der Leeuw, S., Rodhe, H., Sörlin, S., Snyder, P. K., Costanza, R., Svedin, U., Falkenmark, M., Karlberg, L., Corell, R. W., Fabry, V. J., Hansen, J., Walker, B., Liverman, D., Richardson, K., Crutzen, P. & Foley, J, 2009, *Planetary boundaries : Exploring the safe operating space for humanity.* Ecology and Society, 14(2): 32. http://www.ecologyandsociety.org/vol14/iss2/art32/

Tefft, J., Jonasova, M., Zhang, F. & Zhang, Y. 2020. *Urban food systems governance – Current context and future opportunities.* Rome, FAO and The World Bank. https://doi.org/10.4060/cb1821en

World Bank, 2017. *An overview of links between obesity and food systems implications for the agriculture GP agenda.* https://documents1.worldbank.org/curated/en/222101499437276873/pdf/117200-REVISED-WP-Obesity-Overview-Web-PUBLIC-002.pdf

Remerciements

planet A
INNOVATIVE AGRICULTURE FOR A SHARED WORLD

En tant que Présidente de l'Association planet A® et au nom de tous les membres de notre Conseil d'Administration et de Benoist Apparu, notre porte-parole, je tiens à remercier chaleureusement tous les contributeurs de cet ouvrage.

De même, je tiens à saluer nos soutiens qui ont permis sa réalisation : adhérents, administrateurs, partenaires, entreprises, auditeurs à l'Institut planet A®.

Carmen Munoz-Dormoy,
Présidente de planet A®

Les membres du Conseil scientifique de planet A® présidé par Jean-Pierre Rennaud : Pierre Blanc, Christophe Clément, Michel Eddi, Gilles Finchelstein, Pr. Rattan Lal, Paul Luu, Dominique Potier, Dominique Reynié, Thomas Ribémont, Jean-François Soussana, Gilles Trystram, Bernard Wolfer.

Les facilitateurs de ce projet : Keith Sumption, Carlos Vaquero Escamilla, Junxia Song, Ahmed Elldrissi, Tina Farmer, Claudia Ciarlantini, Ki Jung Min (pour la FAO) - Maggie Willis (pour The Ohio State University) - Marc Elvinger, Radi Shafiq, Aquibul Islam Tanzil (pour Frienship) - Jérôme Mousset, Nicolas Tonnet, Caroline Marek, France Pele (pour l'ADEME) - Alessio Mennecozzi (pour Barilla Center for Food & Nutrition Foundation) - Georgios Chalkias (pour Agrimax) - Benoît Miribel (OSH).

Les institutions et organismes partenaires de l'association de planet A® et les contributeurs de l'Institut :

Mission CRSD
Préfecture de la Marne
Région Grand Est
Feder
Département de la Marne
Agglomération de Châlons-en-Champagne
Ville de Châlons-en-Champagne

Initiative 4 pour 1000
Ademe
Altern'Agri
Ambassade du Gabon en France
AgroParisTech
Association Reflets du Gabon
ARVALIS L'institut du Végétal
Atlanterra Agriculture Durable
Banque des territoires
Bayer SAS
CDER
Ceresia
Chambre d'Agriculture de la Marne
CNAM
Corteva Agriscience
DS Avocats
EDF
FDSEA 51
Fondation Jean Jaurès
Fondation pour l'innovation politique
Gendarmerie Nationale
INRAE
INVIVO
L'Épicentre Des Saveurs
NEOMA Business School
SAF Agridées
SAT Manager
SOS SAHEL
Soufflet
URCA
VEOLIA
Village Semences

Crédits photos :
p. 134 ©Sencrop
p. 142 © by Syed Wasama W Doja - FRIENDSHIP
© Shutterstock
© depositphotos

Coordination éditoriale : Catherine Dernis

Photogravure : IGS-CP à L'Isle-d'Espagnac

Achevé d'imprimer par Dupliprint sur papiers PEFC
Dépôt légal : décembre 2021
N° d'imprimeur : 2968812D
Imprimé en France

Certifié PEFC
Ce produit est issu de forêts gérées durablement et de sources contrôlées
PEFC 10-31-1316
www.pefc-france.org